高等院校土建类"十四五"新形态特色教材

"中国特色高水平建筑装饰工程技术专业群建设系列教材"建设项目

◀ 微课视频版 ▶

建筑制图与识图

主编　孟春芳

U0238106

中国水利水电出版社

www.waterpub.com.cn

·北京·

内 容 提 要

　　本书作为"中国特色高水平建筑装饰工程技术专业群建设系列教材"之一，全书内容由课程学习指南模块和学习单元模块两部分构成。学习单元模块包括制图基本知识与技能、制图与识图原理、建筑施工图的识读与绘制、装饰施工图的识读与绘制等。对应每个单元设置"学习导图""知识与技能""技能实训"等模块以满足学生学习和实训练习的需求。书中配套丰富的微课教学视频、动画仿真等数字资源，突出纸质教材数字化、动静结合、可重复观看等特点，利于学生灵活便捷地学习，便于教师线上与线下教学使用。

　　本书可作为高职建筑装饰工程专业群（含建筑设计、建筑动画技术、古建筑工程技术、建筑装饰工程技术、室内设计、园林工程技术、环境艺术等专业）课程教材使用，也可供其他建筑行业人员制图学习时参考使用。

图书在版编目（ＣＩＰ）数据

建筑制图与识图 / 孟春芳主编. -- 北京 ： 中国水利水电出版社，2024.5
ISBN 978-7-5226-2059-6

Ⅰ．①建… Ⅱ．①孟… Ⅲ．①建筑制图－识别－教材
Ⅳ．①TU204.21

中国国家版本馆CIP数据核字(2023)第241423号

书　　名	高等院校土建类"十四五"新形态特色教材 "中国特色高水平建筑装饰工程技术专业群建设系列教材"建设项目 **建筑制图与识图** JIANZHU ZHITU YU SHITU
作　　者	主编　孟春芳
出版发行	中国水利水电出版社 （北京市海淀区玉渊潭南路1号D座　100038） 网址：www.waterpub.com.cn E-mail：sales@mwr.gov.cn 电话：(010) 68545888（营销中心）
经　　售	北京科水图书销售有限公司 电话：(010) 68545874、63202643 全国各地新华书店和相关出版物销售网点
排　　版	中国水利水电出版社微机排版中心
印　　刷	北京印匠彩色印刷有限公司
规　　格	210mm×285mm　16开本　11.5印张　356千字
版　　次	2024年5月第1版　2024年5月第1次印刷
印　　数	0001—2000 册
定　　价	**49.00元**

前　言

　　本书主要针对"建筑制图"课程实践操作性强的特点，在不断探索职业教育相关专业技能实用性和可操性基础上，结合当前新媒体特点和学生学习规律进行编写，旨在帮助相关专业学生及行业从业人员了解建筑制图与识图的基本知识与技能，理解建筑制图与识图的原理，培养学习者识读和绘制建筑图纸的能力，具备从事建筑行业工作的基本职业素养。

　　本书是在校级在线开放课程"建筑制图"资源基础上，结合多年教学经验完成，主要内容由学习指南模块和学习单元模块两大部分构成。其中，学习单元模块作为教材的主要部分，包括4个单元：①制图基本知识与技能；②制图与识图原理；③建筑施工图的识读与绘制；④装饰施工图的识读与绘制。内容上采用文字和微课教学视频、动画仿真等数字资源相融合的方式，突出了纸数一体化的优势，具备方便快捷、动静结合、可重复观看等特点。对应每个学习单元均设置"学习导图""知识与技能""技能实训"等模块，以满足学生进行系统学习和实训练习的需求。

　　本书可作为高职建筑装饰工程专业群基础平台课程指导教材使用，专业群所涵盖建筑设计、建筑动画技术、古建筑工程技术、建筑装饰工程技术、室内设计、园林工程技术、环境艺术等专业均可使用，同时建筑行业从业人员制图学习时也可参考阅读。

　　本书由江苏建筑职业技术学院孟春芳主要编写并统稿。教材中涉及的视频、动画由江苏建筑职业技术学院的孟春芳、吴小青、贾伟等共同完成。其中，单元2中的6个视频由吴小青完成，单元3中的5个动画由贾伟完成，部分建筑工程图纸由江苏久鼎嘉和工程设计咨询有限公司刘克彬提供。

　　由于时间和水平有限，书中不免有疏漏之处，敬请读者不吝指正。

孟春芳

2023年6月于徐州

数 字 资 源 导 引

单元 1 制图基本知识与技能

编号	资源名称	资源类型	页码
1.1.1	图线	微课视频	13
1.1.2	字体	微课视频	15
1.1.3	尺寸标注	微课视频	18
1.1.4	比例	微课视频	19
1.1.5	图例	微课视频	20
1.1.6	符号	微课视频	28
1.2.1	我国古代建筑制图工具	拓展阅读	29
1.2.2	绘图工具	微课视频	29
1.2.3	图纸规格布置	微课视频	31
1.2.4	安放固定图纸	微课视频	31
1.2.5	丁字尺的使用	微课视频	32
1.2.6	建筑模板的使用	微课视频	34
1.3.1	正六边形画法	视频	35
1.3.2	正五边形画法	视频	36
1.3.3	两直线间的圆弧连接	视频	36
1.3.4	直线与圆弧间的圆弧连接	视频	36
1.3.5	圆弧间的圆弧连接 1	视频	37
1.3.6	圆弧间的圆弧连接 2	视频	37
1.3.7	圆弧间的圆弧连接 3	视频	37
1.3.8	四心椭圆画法	视频	37

单元 2 制图与识图原理

编号	资源名称	资源类型	页码
2.1.1	三面投影形成及其关系	微课视频	47
2.1.2	叠加类三视图绘制	微课视频	56
2.1.3	切割类三视图绘制	微课视频	56
2.2.1	轴测图基本知识	微课视频	65
2.2.2	平面正等测绘制	微课视频	71
2.2.3	回转体正等测绘制	微课视频	71
2.2.4	斜二测绘制	微课视频	72

单元 3　建筑施工图的识读与绘制

编号	资源名称	资源类型	页码
3.3.1	建筑平面图形成	音频	93
3.3.2	建筑平面图形成：一层、二层、屋顶	动画	93
3.3.3	建筑平面图的识读	微课视频	103
3.3.4	建筑平面图的绘制	微课视频	104
3.4.1	建筑立面图的形成	动画	105
3.4.2	建筑立面图的识读	微课视频	109
3.4.3	建筑立面图的绘制	微课视频	111
3.5.1	建筑剖面图的形成	动画	112
3.5.2	建筑剖面图的识读	微课视频	114
3.5.3	建筑剖面图的绘制	微课视频	116

思 政 元 素 导 引

　　本教材以党的二十大精神为指引，从建筑业从业者必备的职业岗位技能和职业素养要求出发，针对课程实践操作性强等特点，紧紧围绕全面贯彻党的教育方针，落实立德树人根本任务，坚持"为党育人、为国育才"为目标，弘扬民族文化，倡导爱国敬业、担当责任、遵纪守法的职业道德品质，培养学生科学思维、求实创新、德才兼备的良好修养。

　　在教材使用中，可结合下表中的教材思政元素内容进行课程思政教学。

序号	页码	内容导引	思政教学	思政体现要点
1	P6～P7	建筑工程制图的历史变迁	研讨1：我国最早的建筑图样产生时间及具体图样是什么？ 研讨2：我国最早的建筑技术记录典籍及建筑著作是哪部？	文化自信 民族自豪感 爱国主义
2	P8～P9	典型建筑工程图样的历史价值	样式雷图样和梁思成大师绘制的图样有何价值意义？	文化自信 工匠精神 民族精神
3	P11	国家建筑制图标准规定	制图标准对建筑工程图样有何影响？	认真严谨 规范意识 标准意识 职业素养
4	P29	知识卡：我国古代建筑制图工具	我国古代建筑制图工具有哪些？建筑制图工具对建筑工程图样有何影响？	创新精神 民族自豪感
5	P41～P42	技能实训 1. 工程字书写练习 2. 图线与尺寸标注练习	研讨1：字体对图纸有何影响？ 研讨2：图形的正确规范画法是什么？	文化素养 个人修养 科学素养
6	P44	投影法	投影法与影子现象的区别与联系有哪些？	科学思维
7	P52	组合体的三面投影图绘制	组合体与基本体的关系是什么？	家国情怀 个人和国家
8	P83	建筑工程图纸的分类组成	研讨1：一幢建筑是如何从构想变成现实的？ 研讨2：各类图纸在建筑工程中作用是什么？ 研讨3：各类图纸对应哪些专业？	团结协作 责任担当
9	P126～P134	建筑施工图技能实训	技能训练中的收获有哪些？	专业实战能力 工匠精神 职业素养 大局意识 质量意识

目 录

【学习指南】模块

0.1 课程学习目标

日常的生活、工作、学习、生产等都离不开建筑，在建筑的形成过程中，用建筑工程图样来表达建筑房间的形状、大小、位置、功能、数量，以及建筑采用的造型、材料、结构、构造连接方式等一系列建筑技术信息。建筑工程图样被称为建筑工程界的"语言"，每位建筑工程技术人员都必须掌握这门"语言"，才能顺利地开展工作。

建筑工程图样作为建筑工程一项重要的技术资料，在建筑工程的设计、预算、施工、管理等实践活动中起着非常重要作用，是工程技术人员表达设计意图、交流技术思想、进行施工组织等必不可少的重要工具媒介。如图 0.1-1 所示，设计师需要根据建筑的功能使用要求、地理位置、基地环境等因素确定出合理的建筑方案，并绘制出建筑工程图样以表达设计意图；设计人员、工程技术人员等需要根据工程图样进行沟通交流；工程师需要根据建筑工程图样表达的设计信息将建筑建造出来等。

设计表达

沟通交流

指导施工

图 0.1-1　建筑图样的作用意义

　　建筑是三维立体的，建筑图样是二维平面的，如图 0.1-2 和图 0.1-3 所示。那么，二维平面的建筑图样是如何反映三维立体建筑信息的；建筑图样是根据什么原理绘制出来的；建筑图样绘制需要遵循哪些规定画法；一套完整的建筑工程图纸包括哪些图纸内容；不同内容的建筑图纸之间关系如何；如何进行建筑图纸的识读和绘制呢？……本课程学习将解决以上困惑问题，课程学习目标如下：

　　（1）理解建筑制图与识图的原理，具有二维平面和三维立体图相互转化的建筑空间想象能力。

　　（2）熟悉国家建筑制图标准的相关规定和图示方法，能够利用建筑图样表达设计意图，能够根据建筑图样识读出需要的建筑信息。

　　（3）掌握建筑制图与识图的步骤方法，具有识读和绘制建筑图纸的能力。能够根据建筑工程图纸绘制内容，读懂图纸设计意图，识读出关键的建筑工程项目技术信息，与他人能够以建筑工程图纸为媒介进行沟通交流，并可以规范整理建筑图纸资料等。

（a）某小区规划鸟瞰图

（b）小区内某栋住宅建筑效果图

图 0.1-2　建筑效果图

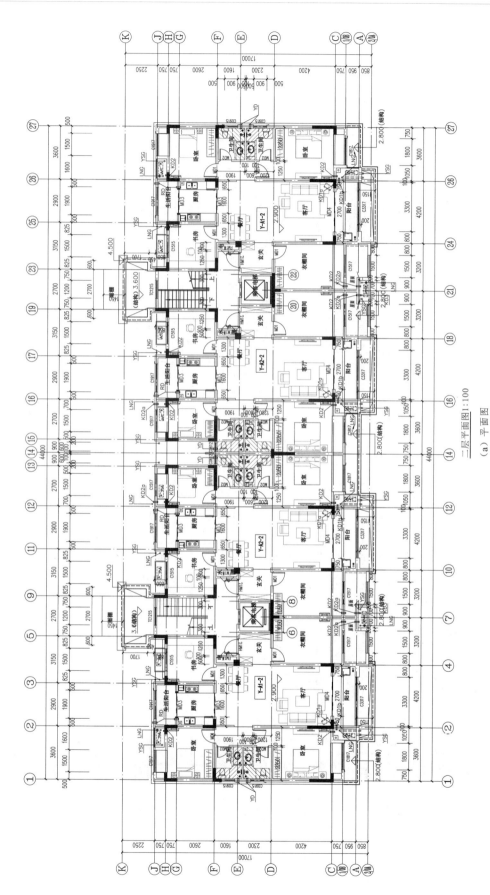

三层平面图1:100

（a）平面图

图 0.1-3（一） 建筑图样举例——某住宅建筑平面图、立面图、剖面图

①~②立面图1:100

(b) 立面图

图0.1-3(二)　建筑图样举例——某住宅建筑平面图、立面图、剖面图

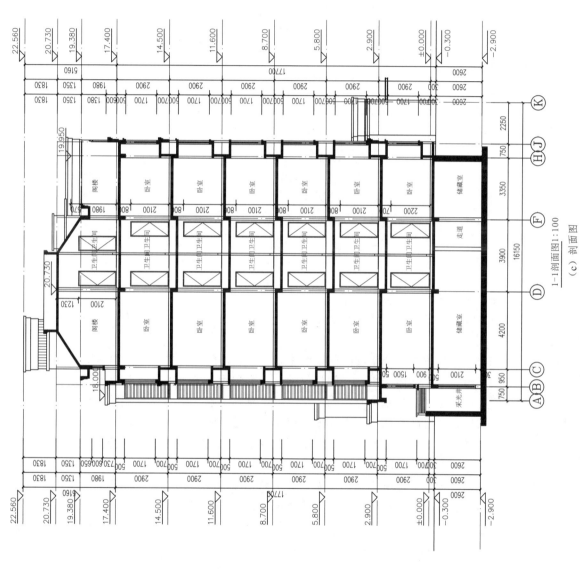

1—1剖面图1：100

（c）剖面图

图0.1-3（三）　建筑图样举例——某住宅建筑平面图、立面图、剖面图

0.2 课程学习任务

（1）学习贯彻国家现行建筑制图相关标准中的规定，并能始终作为识读建筑图纸的理论指导。

（2）学习建筑制图与识图的投影作图原理，并能够运用。

（3）学习建筑工程图纸的内容组成及关系。

（4）学习建筑工程图纸的形成与作用、图示内容、图示方法、识读绘制步骤与方法。

（5）理解三维建筑空间与建筑工程图纸的对应关系。

（6）能够正确使用制图工具和仪器作图。

0.3 课程学习方法与要求

《建筑制图与识图》课程的突出特点：图示内容多，对空间想象力要求高，实践操作性强，严格遵循规范标准，如图 0.3-1 所示。

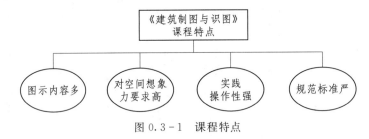

图 0.3-1 课程特点

针对课程特点，课程学习方法与要求如下：

（1）自觉动手多练，避免眼高手低，在操作练习中理解建筑识图与制图原理，掌握相关制图与识图技能。

（2）课堂训练与课下作业相结合，读图与画图相结合。画图的过程即是图解思考的过程。

（3）动手制作立体模型，下功夫培养空间想象力。三维空间想象力的建立是进行建筑图纸识读和绘制的基础，同时，也是《建筑制图与识图》学习的重点和难点。即不仅要能够根据三维立体正确绘制出二维平面图形，更要能够从二维平面图样想象出三维空间立体形状，初学者可以借助于立体模型或立体图，加强图物对照的感性认识，但要逐步减少对立体模型或立体图的依赖，直至完全可以依靠自己的空间想象力，看懂图形。

（4）加强学习主动性，注重自学能力的培养，对于制图标准中的基本规定要熟记。

（5）紧密联系周围建筑实际，多思多察，切忌死记硬背、不求甚解。

（6）多与他人讨论交流，多观摩优秀作业，并树立学习榜样。

（7）充分利用其他教学资源如国家制图标准、相关教材图书、网络在线课程资源视频等。

（8）课余时间多进行实际工程图纸的识读和绘制。

（9）严肃认真地对待每一幅图的识读与绘制，养成严谨规范的良好作图习惯，切忌随意潦草。

0.4 课程学习拓展

0.4.1 建筑工程制图的历史变迁

战国时期我国人民就已运用设计图来指导工程建设，距今已有 2400 多年的历史。1977 年冬，在河北平山县战国时期中山王墓中发掘的铜版兆域图（图 0.4-1），不仅采用了接近现在人们所采用的正投影原理绘制，而且还以当时中山国尺寸长度为单位，选用 1：500 缩小比例，注有尺寸。自秦汉起，我国已出现图样的史料记载，并能根据图样建筑宫室。我国隋代已使用 1：100 比例尺的图样和模型进行建筑设计。

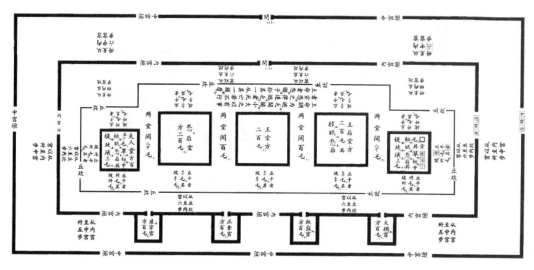

图 0.4-1 战国时期中山王墓中发掘的铜版兆域图

北宋著名建筑学家李诫（明仲）编撰的《营造法式》，是记录总结我国古代建筑营造规范和建筑技术成就的一部书，在我国建筑史上具有划时代意义。全书 36 卷，其中有 6 卷是建筑图样，绘有精致的建筑平面图、立面图、轴测图和透视图等，如图 0.4-2 所示。书中运用投影法表达了复杂的建筑结构，这在当时是极为先进的。这本书不仅是我国最早的建筑制图著作，更是一部闻名世界的建筑图样巨著。

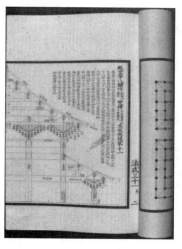

图 0.4-2 北宋李诫编撰的《营造法式》中的建筑图样

18 世纪欧洲的工业革命时期，法国数学家 G·蒙日在总结前人经验的基础上，根据平面图形表示空间形体的规律，应用投影方法创建了画法几何学，出版了《蒙日画法几何学》一书，奠定了工程制图的理论基础，如图 0.4-3 所示。

20 世纪 50 年代，我国著名学者赵学田教授简明通俗地总结了三视图的投影规律——"长对正、高平齐、宽相等"。1956 年机械工业部颁布了第一个部颁标准《机械制图》，随后又颁布了国家标准《建筑制图》，使全国工程图样标准得到了统一，标志着我国工程图学进入了一个崭新的

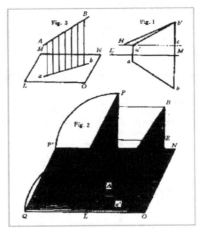

图 0.4-3　法国数学家 G·蒙日出版的《蒙日画法几何学》

阶段。

0.4.2　典型建筑工程图样的历史价值

　　清代主持宫廷建筑设计的**"样式雷"**家族绘制的大量建筑图样，是中国古代建筑制图的珍品，如图 0.4-4 所示。

　　"样式雷"，是对清代 200 多年间主持皇家建筑设计的雷姓世家的誉称。宫殿、皇陵、御苑等清代重要宫廷建筑和皇家工程设计，几乎都出自雷氏家族。家族代表人物有：雷发达、雷金玉、雷家玺、雷家玮、雷家瑞、雷思起、雷廷昌等。

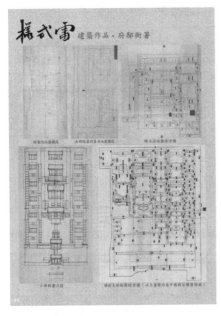
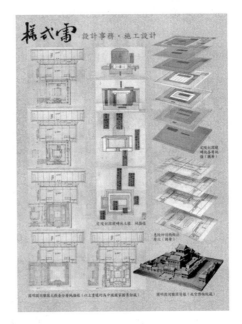

图 0.4-4　"样式雷"建筑图样

　　"样式雷"图档是指雷氏家族制作的建筑图样、烫样、工程做法及相关文献。现存"样式雷"图档，时间上涵盖 18 世纪中叶到 20 世纪初，地域覆盖北京、天津、河北、辽宁、山西等清代皇家建筑所在地，内容分类众多，不仅体现了较高的建筑学成就，而且为研究中国清代历史提供了珍贵文献。"样式雷"图档不仅是表达其建筑设计思想的工具，也是传承其设计思想的手段，更是中国独特的建筑图学空间思维融形象性与数理逻辑性有机统一发展到成熟阶段的标志，在世界建筑史乃至世界图学史上是绝无仅有的，堪称华夏建筑意匠的历史绝响。

现存清代"样式雷"图档 20000 余件，包含了从建筑选址到设计、施工、修缮、改建等的建筑图样和相关档案，对于中国古代建筑史、传统建筑图学、传统建筑设计思想理论和方法、建筑施工技术和工官制度，以及相关文物建筑保护和复原等研究，均具有其他文献无法替代的价值。同时，"样式雷"图档还承载了大量清代社会、政治、经济、文化等信息，蕴含着中国古代建筑理念、建筑美学、建筑哲学等思想，不仅体现了很高的建筑学成就，也为研究清代历史文化提供了参考，其系统性、完整性及规模之大，都是世界现存古代建筑档案中少有的。可以说，"样式雷"图档是人类记忆的重要实物标本。

在中国近代，为了让世界认识中国古代建筑，在 20 世纪三四十年代那个战火纷飞、多灾多难的岁月里，被誉为"中国近代建筑之父"的梁思成先生与营造学社的同仁们，通过坚持不懈的努力，考察和测绘了大量珍贵的中国古建筑遗构，为早期中国古建筑史研究积累了极为珍贵的基础资料，更是开创了中国建筑史学建构和理论体系研究的学术事业，为我国建筑历史研究做出了重要贡献。在没有计算机、CAD 画图软件的年代，许多被毁的古建筑依靠梁思成先生的手绘图样进行复原，不仅将大量的中国古建筑文化遗产记录了下来，更让人们都能通过他的手稿感受到中国古建筑的独特魅力。如图 0.4-5 所示图样为中国建筑大师梁思成绘制的山西五台山佛光寺建筑图样。

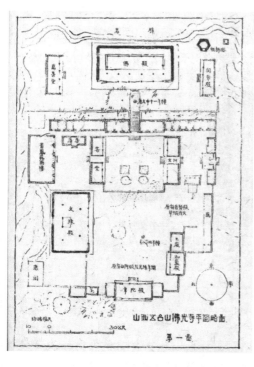
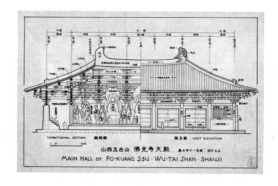
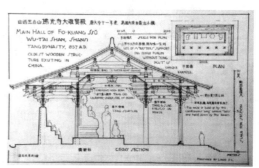

图 0.4-5　梁思成绘制的山西五台山佛光寺建筑图样

0.4.3　现代建筑工程不同阶段的制图

建筑制图是为建筑设计服务的。在建筑工程设计的不同阶段，要绘制不同内容的设计图，如图 0.4-6 所示。一幢建筑从项目确立到建成使用需要经历多个阶段才能完成，根据住建部组织编制的《建筑工程设计文件编制深度规定（2021 版）》，建筑工程设计一般应分为方案设计、初步设计和施工图设计三个阶段。对于技术要求简单的建筑工程，经有关主管部门同意，并且合同中有不做初步设计的约定时，可在方案设计审批后直接进入施工图设计，即方案设计、施工图设计两个阶段。不同阶段绘制的图有：**建筑方案图、初步设计图、技术设计图、施工图**等。其中，施工图包括**建筑施工图、结构施工图、设备施工图**等。

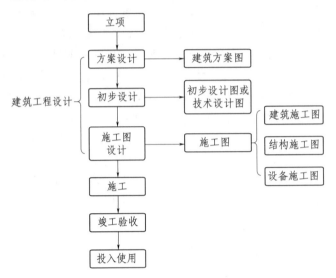

图 0.4-6　建筑工程设计阶段服务

- 建筑方案图，主要内容包括：透视效果图、设计说明、建筑总平面图、建筑平面图、建筑立面图、建筑剖面图和建筑透视图或建筑鸟瞰图。在研究制订建筑方案时，建筑师习惯使用半透明的草图纸进行绘制，这种作图方法有利于设计的构思和方案的探讨。
- 初步设计图，在经审定的方案设计基础上，要求能表现出建筑中各部分、各使用空间的关系和基本功能要求的解决方案，包括建筑中水平交通和垂直交通的安排，建筑外形和内部空间处理的意图，建筑和周围环境的主要关系，以及结构形式的选择和主要技术问题的初步考虑。这个阶段的设计图应能清晰、明确地表现出整个设计方案的意图。此外，在绘制初步设计图的同时还常常制作建筑模型，以弥补图纸的不足。
- 技术设计图，对初步设计进行深入的技术研究，确定有关各工种的技术作法，使设计进一步完善。这一阶段的设计图纸要绘出确定的技术作法，为施工图纸的制作准备条件。
- 施工图，按照制图规定，绘制供施工时作为依据的全部图纸。施工图要按国家制定的制图标准进行绘制。一个建筑物的施工图包括：建筑施工图、结构施工图，以及给水排水、供暖、通风、电气、动力等设备施工图。
- 建筑施工图，表示建筑物的总体布局、外部造型、内部功能及布置，建筑的细部构造、固定设施，一般常规装修及施工要求等。建筑施工图包括：总平面图、建筑平面图、建筑立面图、建筑剖面图、建筑详图。
- 结构施工图，反映建筑物承重结构的布置、构件类型、材料、尺寸大小和构造作法等的工程图样，是承重构件以及其他受力构件施工的依据。结构施工图包含：结构设计说明，基础布置图、梁柱板等结构布置平面图、梁柱板等配筋图和各构件详图等。
- 设备施工图，主要表示各种设备、管道和线路的布置、走向以及安装施工要求等。设备施工图又分为给水排水施工图（水施）、供暖施工图（暖施）、通风与空调施工图（通施）、电气施工图（电施）等。一般包括平面布置图、系统图和详图。

【学习单元】模块

单元1　制图基本知识与技能

学习导图

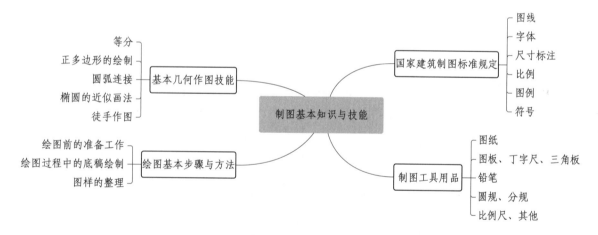

知识与技能

1.1　国家建筑制图标准规定

为了保证建筑制图质量，提高制图效率，做到图面清晰、简明，符合设计、施工、存档的要求，适应工程建设的需要，便于建筑工程人员的沟通交流，国家指定专责机关专门制定颁布了相关建筑制图标准。在国家建筑制图标准中，对建筑制图中涉及的图纸、图线、字体、尺寸标注、比例、图例、符号等方面作了相关规定，这些规定就是制图国家标准（简称"国标"）。所有工程人员在设计、施工、管理中应予以遵循。

现行国家建筑制图标准主要有《房屋建筑制图统一标准》（GB/T 50001—2017）、《建筑制图标准》（GB/T 50104—2010）、《总图制图标准》（GB/T 50103—2010）、《房屋建筑室内装饰装修制图标准》（JGJ/T 244—2011）等。

1.1.1 图线

任何工程图样都是采用不同的线型与线宽的图线绘制而成的，如图 1.1-1 所示。为了使图样清楚、明确，建筑制图采用的图线分为实线、虚线、单点长画线、双点长画线、折断线和波浪线 6 类，其中前 4 类线型按宽度不同又分为粗、中、细等，后两类线型一般均为细线，如表 1.1-1 所示。

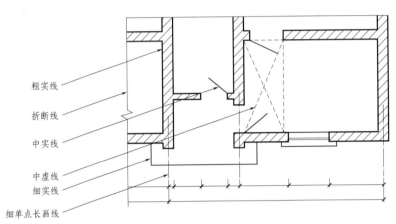

图 1.1-1　图纸中的图线类型

表 1.1-1　　　　　　　　　　　建 筑 制 图 常 用 线 型

名　称		线　型	线宽	用　途
实线	粗		b	（1）平、剖面图中被剖切的主要建筑构造（包括构配件）的轮廓线。 （2）建筑立面图或室内立面图的外轮廓线。 （3）建筑构造详图中被剖切的主要部分的轮廓线。 （4）建筑构配件详图中的外轮廓线。 （5）平、立、剖面的剖切符号
	中粗		$0.7b$	（1）平、剖面图中被剖切的次要建筑构造（包括构配件）的轮廓线。 （2）建筑平、立、剖面图中建筑构配件的轮廓线。 （3）建筑构造详图及建筑构配件详图中的一般轮廓线
	中		$0.5b$	小于 $0.7b$ 的图形线
	细		$0.25b$	图例填充线、家具线、纹样线等，尺寸线、尺寸界限、索引符号、标高符号、详图材料做法引出线、粉刷线、保温层线、地面、墙面的高差分界线等
虚线	中粗		$0.7b$	（1）建筑构造详图及建筑构配件不可见的轮廓线。 （2）平面图中的梁式起重机（吊车）轮廓线。 （3）拟建、扩建建筑物轮廓线
	中		$0.5b$	投影线、小于 $0.5b$ 的不可见轮廓线
	细		$0.25b$	图例填充线、家具线等
双点长画线	粗		b	见各有关专业制图标准
	中		$0.5b$	见各有关专业制图标准
	细		$0.25b$	假想轮廓线、成型前原始轮廓线
单点长画线	中粗		$0.7b$	运动轨迹线
	细		$0.25b$	中心线、对称线、定位轴线

续表

名　称	线　型		线　宽	用　途
折断线	细	──────∿──────	0.25b	不需要画全的断开界线
波浪线	细	∿∿∿∿∿∿	0.25b	（1）不需要画全的断开界线。 （2）构造层次的断开界线。 （3）曲线形构件断开界线

每个图样应根据复杂程度与比例大小，先确定基本线宽 b，再按表 1.1-2 确定适当的线宽组，粗、中、细的线宽比宜为 4：2：1。同一张图纸内，相同比例的各图样应选用相同的线宽组。绘制较简单的图样时，可采用两种线宽的线宽组，其线宽比宜为 b：$0.25b$。

表 1.1-2　　　　　　　　　　　　　　　　　线　宽　组

线宽比	线　宽　组			
b	1.4	1.0	0.7	0.5
$0.7b$	1.0	0.7	0.5	0.35
$0.5b$	0.7	0.5	0.35	0.25
$0.25b$	0.35	0.25	0.18	0.13

注　1. 需要缩微的图纸，不宜采用 0.18 及更细的线宽。

2. 同一张图纸内，各不同线宽中的细线，可统一采用较细的线宽组的细线。

图线的宽度 b，应从下列线宽系列中选取：0.35mm、0.5mm、0.7mm、1.0mm、1.4mm、2.0mm。

绘制图线时还应特别注意点长画线和虚线的画法，以及图线交接时的画法，如图 1.1-2 所示。

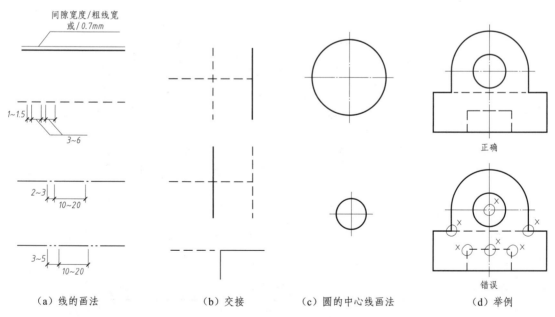

（a）线的画法　　　　　（b）交接　　　　（c）圆的中心线画法　　　　（d）举例

图 1.1-2　图线交接的画法

（1）虚线、单点长画线及双点长画线的线段长度和间隔，应根据图样的复杂程度和图线的长短来确定，但宜各自相等，当图样较小，用单点长画线和双点长画线绘图有困难时，可用实线代替。

（2）单点长画线和双点长画线的首末两端应是线段，而不是点。单点长画线（双点长画线）与单点长画线（双点长画线）交接或单点长画线（双点长画线）与其他图线交接时，应是线段交接。

1.1.1　图线
（微课视频）

（3）虚线与虚线交接或虚线与其他图线交接时，都应是线段交接。虚线为实线的延长线时，不得与实线连接。

（4）相互平行的图线，其间距不宜小于其中粗线宽度，且不宜小于 0.7mm。

图线不得与文字、数字或符号重叠、混淆，不可避免时，应首先保证文字等的清晰。

1.1.2　字体

图纸中的字体涉及汉字、数字、字母等。

1.1.2.1　汉字

图样的图名、做法及说明等中的汉字，宜采用长仿宋体。文本封面可采用其他字体，易于辨认即可。长仿宋字是工程图纸最常用文字字体。长仿宋体字样和基本笔画如图 1.1-3 所示。

图 1.1-3　长仿宋体字样和基本笔画

字的大小用字号来表示，字的号数即字的高度，各号字的高度与宽度的关系如表 1.1-3 所示。字号选用大小应根据图幅大小确定。如需书写更大的字，其高度应按 $\sqrt{2}$ 的比值递增。

表 1.1-3　　　　　　　　　　　　　仿宋字高宽关系

字　号	20	14	10	7	5	3.5
字　高	20	14	10	7	5	3.5
字　宽	14	10	7	5	3.5	2.5

为了使字写得大小一致、排列整齐，书写前应事先用铅笔淡淡地打好字格，再进行书写。字格高宽比例，一般为 3:2。为了使字行清楚，行距应大于字距。通常字距约为字高的 1/4，行距约为

字高的 1/2，如图 1.1-4 所示。

图 1.1-4 长方体字的高宽比

1.1.2.2 拉丁字母、阿拉伯数字及罗马数字

图纸中的拉丁字母、阿拉伯数字及罗马数字，可以写成直体字，也可以写成斜体字，如图 1.1-5 所示。在书写时注意笔画顺序。

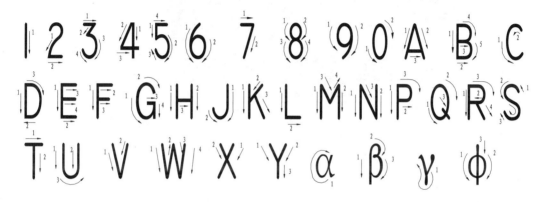

图 1.1-5 图纸中拉丁字母、阿拉伯数字及罗马数字书写示意

字号大小的选用与图纸规格大小有关，常用的 A3 图纸字号选用如图 1.1-6 所示。

1.1.3 尺寸标注

在建筑施工图中，图形只能表达建筑物的形状，建筑物各部分的大小还必须通过标注尺寸才能确定。注写尺寸时，应力求做到正确、完整、清晰、合理。

图纸中的尺寸标注类型有以下 7 种类型：① 一般尺寸（长、宽、高）的标注；②半径、直径、角度的标注；③坡度的标注；④厚度的标注；⑤连续等值的标注；⑥多个相同要素的标注；⑦不规则曲线图形的尺寸标注。

1.1.3.1 一般尺寸的标注

建筑图样上的尺寸一般应由尺寸界线、尺寸线、尺寸起止符号和尺寸数字 4 部分组成。如图 1.1-7 所示。

1.1.2 字体
（微课视频）

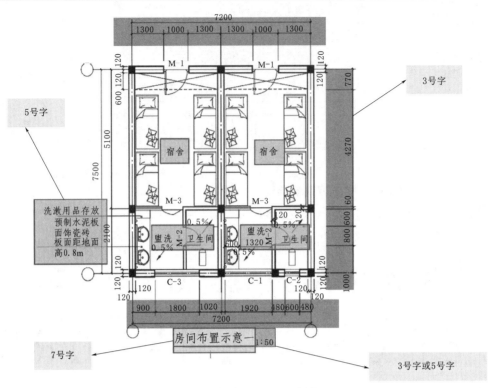

图 1.1-6 常用的 A3 图纸字号选用

一般尺寸的标注注意事项如下：

（1）尺寸界线是控制所注尺寸范围的线，应用细实线绘制，一般应与被注长度垂直；其一端应离开图样轮廓线不小于 2mm，另一端宜超出尺寸线 2～3mm，如图 1.1-8 所示。

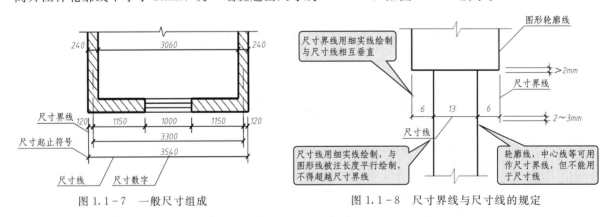

图 1.1-7 一般尺寸组成　　　　　　　　图 1.1-8 尺寸界线与尺寸线的规定

（2）尺寸线是用来注写尺寸的，必须用细实线单独绘制，应与被注长度平行，且不宜超出尺寸界线。任何图线或其延长线均不得用作尺寸线。

（3）尺寸起止符号一般应用中粗斜短线绘制，其倾斜方向应与尺寸界线呈顺时针 45°，长度宜为 2～3mm，如图 1.1-9 所示。

（4）任何图线不得穿越隔断尺寸数字，以尺寸数字为准隔断图线，如图 1.1-10 所示。

（5）尺寸数字应依据其读数方向注写在靠近尺寸线的上方中部，如没有足够的注写位置，最外边的尺寸数字可注写在尺寸界线外侧，中间相邻的尺寸数字可错开注写，也可引出注写，如图 1.1-11 所示。

1.1.3.2 半径、直径、角度的标注

如图 1.1-12 所示，半径、直径、角度和弧长的尺寸起止符号，宜用箭头表示。

图 1.1 - 9　尺寸起止符号的绘制规定　　图 1.1 - 10　图线不得穿越隔断尺寸数字

图 1.1 - 11　尺寸界线之间没有足够注写位置时的尺寸数字注写

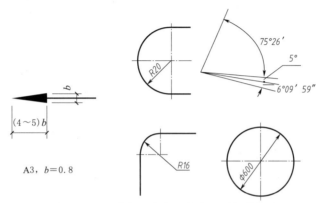

图 1.1 - 12　半径、直径、角度和弧长的标注

1.1.3.3　坡度的标注

（1）坡度较小或比较平缓时，用如图 1.1 - 13 所示的百分数方式进行坡度标注。比如厨房、卫生间地面、阳台地面、雨篷顶面以及建筑出入口的平台处地面等。

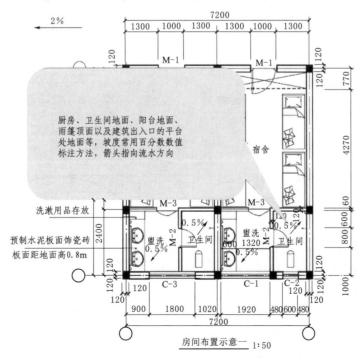

图 1.1 - 13　坡度较小或比较平缓时的百分数方式标注

17

（2）坡度较大时，可用比值或角度的标注，如图 1.1－14 所示。

1.1.3.4 厚度的标注

常用于薄板的厚度标注，数字前加"t"。如图 1.1－15 所示，"$t10$"表示这块不规则的薄板厚度为 10mm。

1.1.3.5 连续等值的标注

连续排列的等长尺寸，可用"个数×等长尺寸＝总长"的形式标注。如图 1.1－16 所示，楼梯处的尺寸标注，用等式标注方法"280×11＝3080"表示连续等值，其中，"280"表示楼梯踏步的宽度，"11"代表踏步面的数量。

1.1.3.6 多个相同要素的标注

当构配件内的构造要素（如孔、槽等）出现多个相同要素时，可仅在其中一个要素上标注清楚其数量和形状大小尺寸即可。如图 1.1－17 所示，"$6×\phi30$"表示 6 个大小相同的圆形，圆形的直径为 30。

1.1.3 尺寸标注（微课视频）

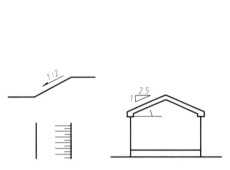

图 1.1－14 坡度较大时的比值或角度标注

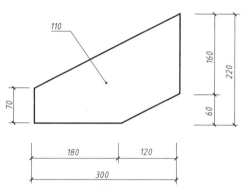

图 1.1－15 厚度的标注

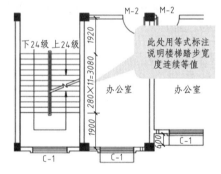

图 1.1－16 连续等值的标注

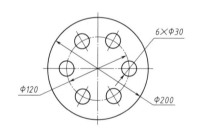

图 1.1－17 相同要素尺寸标注方法

1.1.3.7 不规则曲线图形的尺寸标注

如图 1.1－18 所示，当出现不规则曲线图形时，往往采用网格辅助标注的方法。

1.1.4 比例

为了在图纸上不走样地表达建筑，在绘制建筑图样时需要按照比例绘图，如图 1.1－19 所示。

1.1.4.1 比例的概念与注写

比例的相关定义用以下表达式：

$$比例＝\frac{图样的线性尺寸}{实际物体相应的线性尺寸}$$

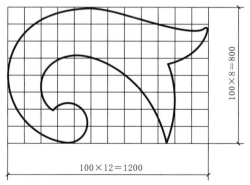

图 1.1－18 曲线图形的网格
辅助标注方法

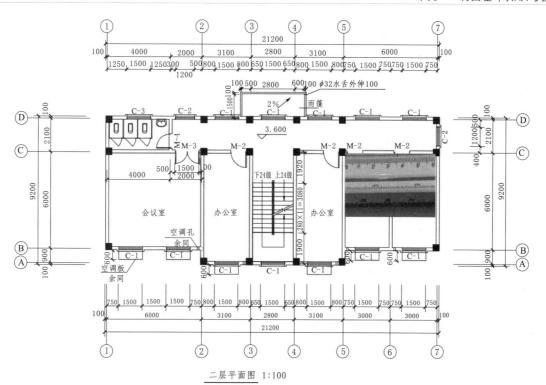

二层平面图 1:100

图 1.1-19　绘制图样时需要按照比例绘图

图纸中比例注写采用如 1:1、1:2、1:50、1:100 等的最简注写形式。其中，"："前的数字代表图样中的绘制尺寸数值，"："后代表实际建筑物体的尺寸数值。1:50 表示图样中的1mm 代表实际物体的50mm，同理，1:100 表示图样中的1mm 代表实际物体的100mm。

比例宜注写在图名的右侧，字的基准线应取平；比例的字高宜比图名的字高小一号或二号，如图 1.1-20 所示。

平面图 1:100　⑥　1:20

图 1.1-20　比例的注写示例

1.1.4.2　比例的选用

建筑工程制图中，建筑物往往用缩得很小的比例绘制在图纸上，而对某些细部构造又要用较大的比例或足尺（1:1）绘制在图纸上。

在绘制同一物体时，所用比例越大，图样越大，所占图幅越大；比例越小，图样越小，所占图幅越小。而在同样图幅情况下，比例越大，表达区域范围越小，表达内容越详尽；比例越小，表达区域范围越大，内容越粗略。因此，绘图所用的比例应根据图样的用途与被绘对象的复杂程度，选择适宜比例。常用比例适用范围如表 1.1-4 所示。

表 1.1-4　　　　　　　　　常 用 比 例 适 用 范 围

比　例	部　　位	图　纸　内　容
1:200～1:100	总平面、总顶面	总平面布置图、总顶棚平面布置图
1:100～1:50	局部平面、局部顶棚平面	局部平面布置图、局部顶棚平面布置图
1:100～1:50	不复杂的立面	立面图、剖面图
1:50～1:30	较复杂的立面	立面图、剖面图

续表

比　　例	部　　位	图　纸　内　容
1∶30~1∶10	复杂的立面	立面放大图、剖面图
1∶10~1∶1	平面及立面中需要详细表示的部位	详图
1∶10~1∶1	重点部位的构造	节点图

1.1.4.3　比例与尺寸标注的关系

比例的大小是指比值的大小，并不影响尺寸的标注，用一定比例绘制的图形标注的尺寸为实际物体尺寸。如图1.1－21所示，同一扇门用不同比例的绘制，标注尺寸同为2100和1000。

1.1.5　图例

1.1.5　图例
（微课视频）

为准确表达图纸设计内容，建筑工程图样中会根据图样需要采用不同的图例图示出不同内容。其中，建筑平面、建筑立面、建筑剖面图中常用的建筑构造和配件图例如表1.1－5所示；较大比例绘制图样时，表达不同材料的剖切断面图需要的建筑材料图例如表1.1－6所示。

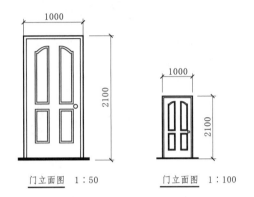

图1.1－21　不同比例绘制同一
扇门的尺寸标注

表 1.1－5　　　　　　　　　常用的建筑构造和配件图例

名　　称	图　　例	备　　注
墙体	（a） （b）	（1）图（a）为外墙，图（b）为内墙。 （2）外墙细线表示有保温层或有幕墙。 （3）应加注文字或涂色或图案填充表示各种材料的墙体。 （4）在各层平面图中防火墙宜着重以特殊图案填充表示
隔墙		（1）加注文字或涂色或图案填充表示各种材料的轻质隔断。 （2）适用于到顶与不到顶隔断
玻璃幕墙		幕墙龙骨是否表示由项目设计决定
栏杆		
楼梯	（a） （b） （c）	（1）图（a）为顶层楼梯平面，图（b）为中间层楼梯平面，图（c）为底层楼梯平面。 （2）需设置靠墙扶手或中间扶手时，应在图中表示

续表

名　称	图　例	备　　注
坡道	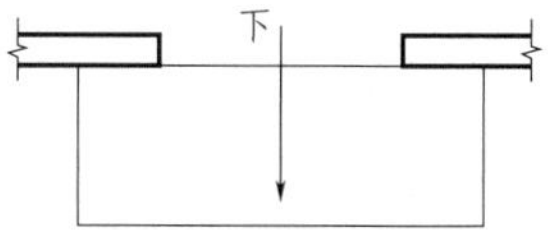 (a) 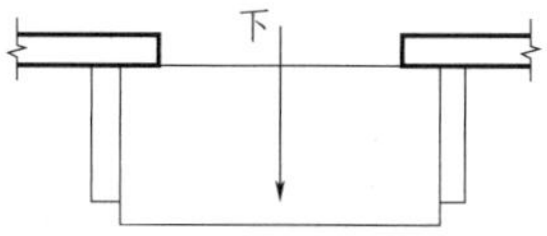 (b) 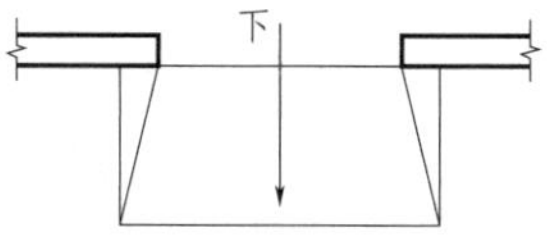 (c)	图（a）为两侧垂直的门口坡道，图（b）为有挡墙的门口坡道，图（c）为两侧找坡的门口坡道
	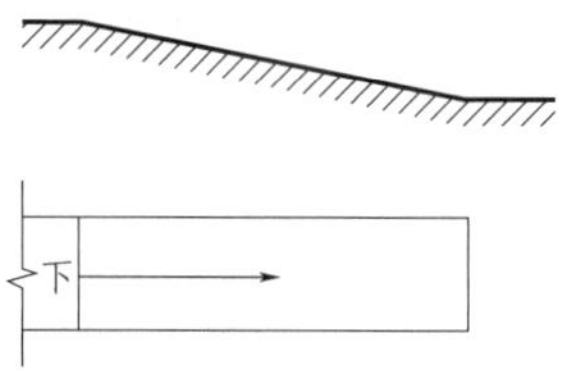	长坡道
台阶	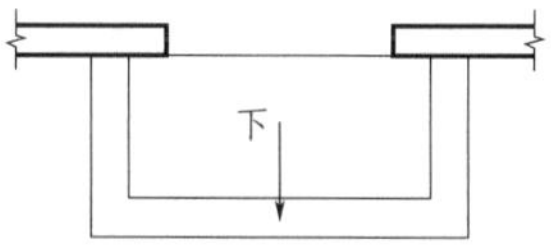	
平面高差	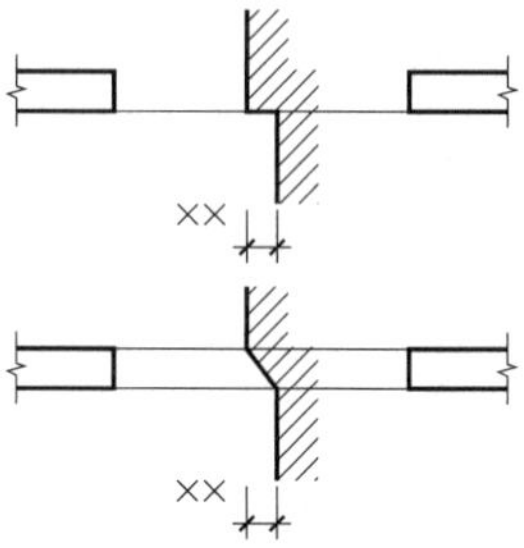	用于高差小的地面或楼面交接处，并应与门的开启方向协调
孔洞	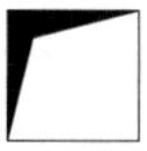 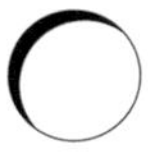	阴影部分亦可填充灰度或涂色代替
坑槽	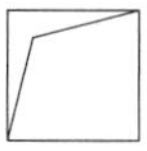 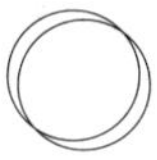	
检查口	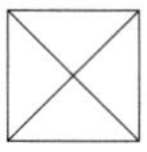 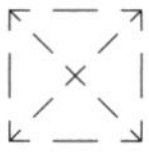	左图为可见检查口，右图为不可见检查口

续表

名　称	图　例	备　注
墙预留洞、槽	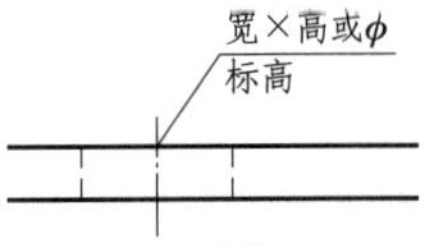 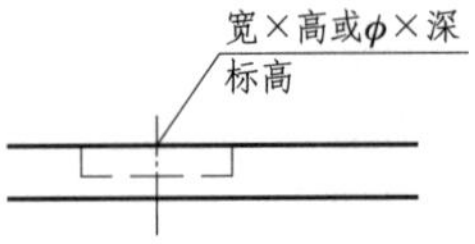 宽×高或φ 标高 （a） 宽×高或φ×深 标高 （b）	（1）图（a）为预留洞，图（b）为预留槽。 （2）平面以洞（槽）中心定位。 （3）标高以洞（槽）底或中心定位。 （4）宜以涂色区别墙体和预留洞（槽）
地沟	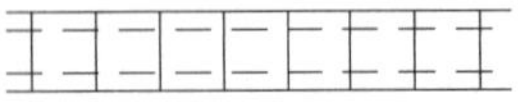 （a） 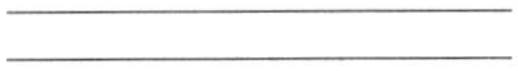 （b）	图（a）为活动盖板地沟，图（b）为无盖板明沟
烟道	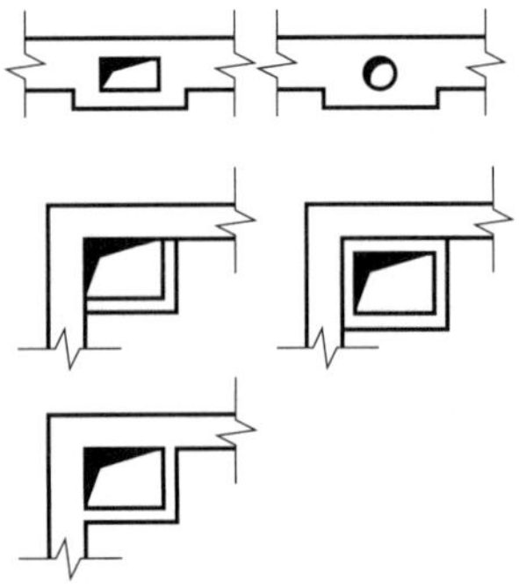	
风道	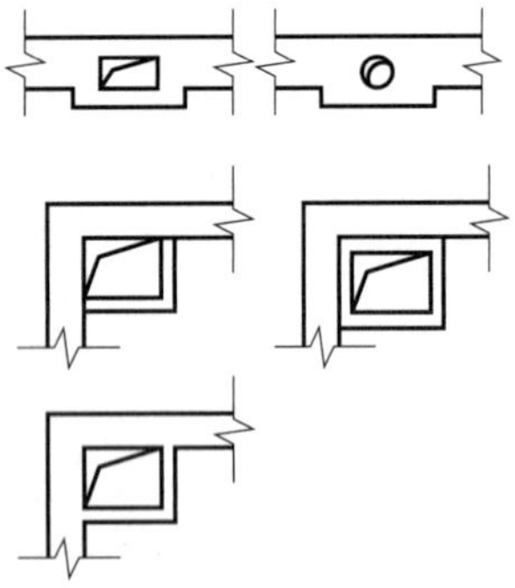	
新建墙和窗	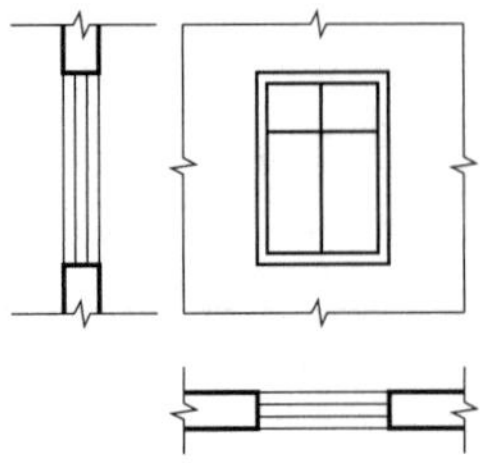	

续表

名　称	图　例	备　注
空门洞	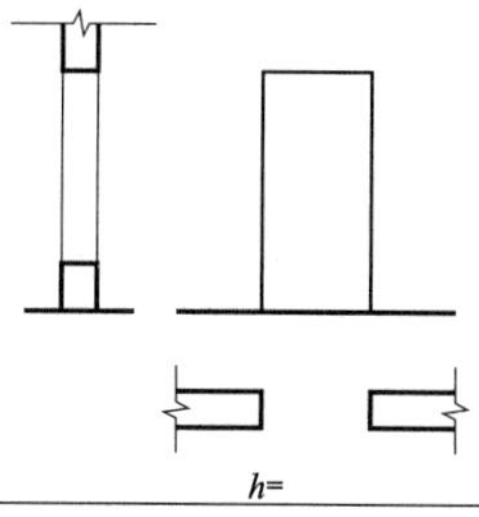	h 为门洞高
单扇平开或单向弹簧门	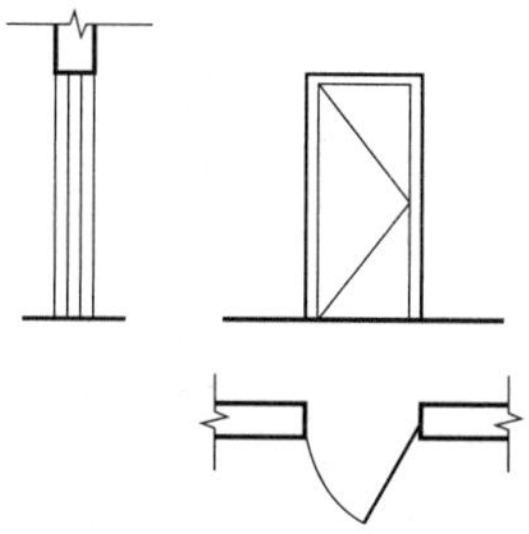	（1）门的名称代号用 M 表示。 （2）平面图中，下为外、上为内，门开启线为 90°、60°或 45°。 （3）立面图中，开启线实线为外开，虚线为内开。开启线交角的一侧为安装合页一侧。开启线在建筑立面图中可不表示，在立面大样图中可根据需要绘出。 （4）剖面图中，左为外、右为内。 （5）附加纱扇应以文字说明，在平、立、剖面图中均不表示。 （6）立面形式应按实际情况绘制
单扇平开或双向弹簧门	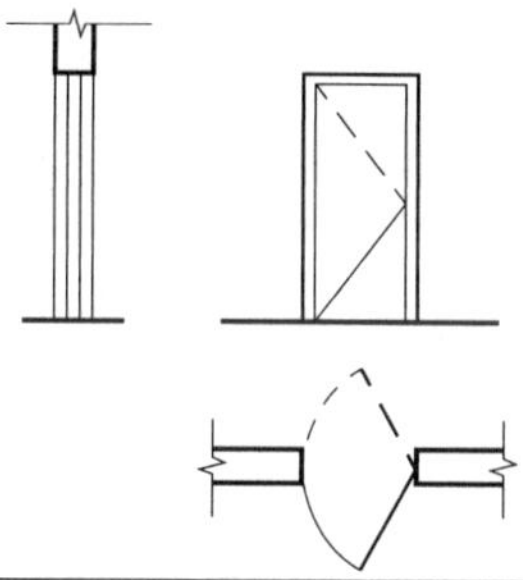	
单面开启双扇门（包括平开或单面弹簧）	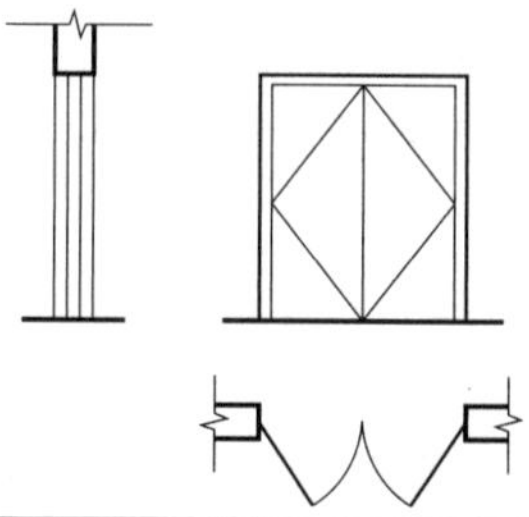	（1）门的名称代号用 M 表示。 （2）平面图中，下为外、上为内，门开启线为 90°、60°或 45°。 （3）立面图中，开启线实线为外开，虚线为内开。开启线交角的一侧为安装合页一侧。开启线在建筑立面图中可不表示，在立面大样图中可根据需要绘出。 （4）剖面图中，左为外、右为内。 （5）附加纱扇应以文字说明，在平、立、剖面图中均不表示。 （6）立面形式应按实际情况绘制
双面开启双扇门（包括平开或双面弹簧）	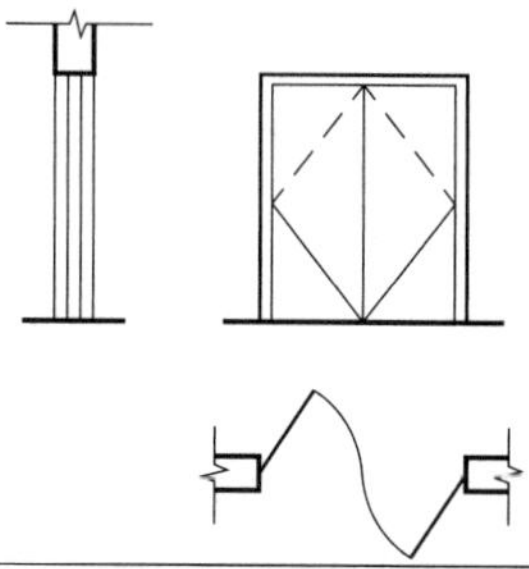	
折叠门	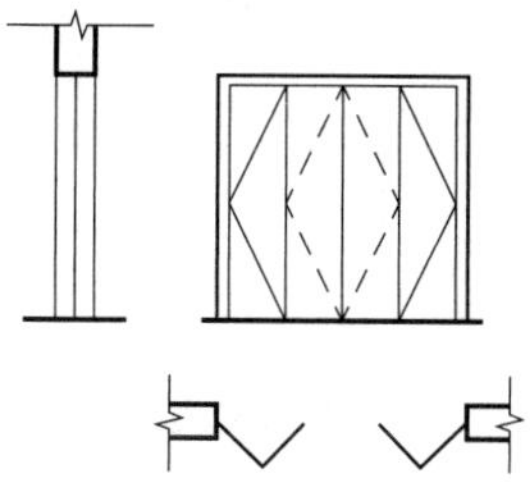	（1）门的名称代号用 M 表示。 （2）平面图中，下为外、上为内。 （3）立面图中，开启线实线为外开，虚线为内开。开启线交角的一侧为安装合页一侧。 （4）剖面图中，左为外、右为内。 （5）立面形式应按实际情况绘制

续表

名　称	图　例	备　注
墙中双扇推拉门	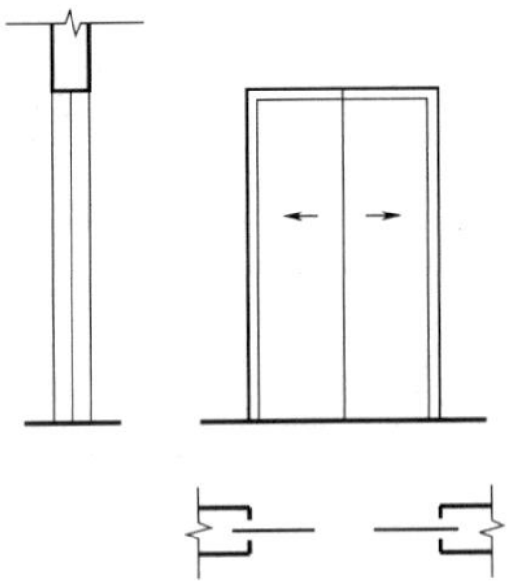	(1) 门的名称代号用 M 表示。 (2) 立面形式应按实际情况绘制
门连窗	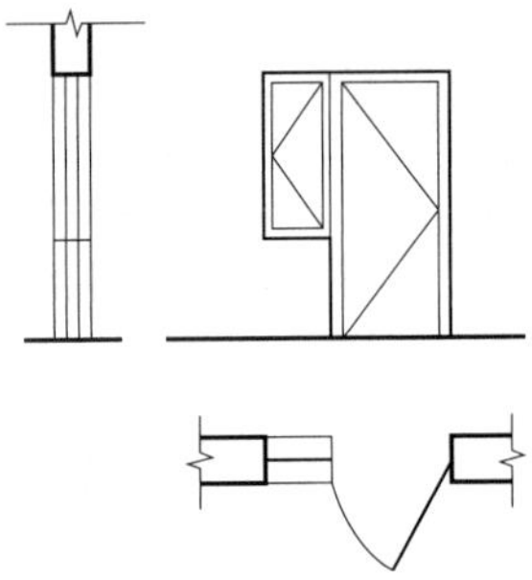	(1) 门的名称代号用 M 表示。 (2) 平面图中，下为外、上为内，门开启线为 90°、60°或 45°。 (3) 立面图中，开启线实线为外开、虚线为内开。开启线交角的一侧为安装合页一侧。开启线在建筑立面图中可不表示，在室内设计立面大样图中可根据需要绘出。 (4) 剖面图中，左为外、右为内。 (5) 立面形式应按实际情况绘制
旋转门	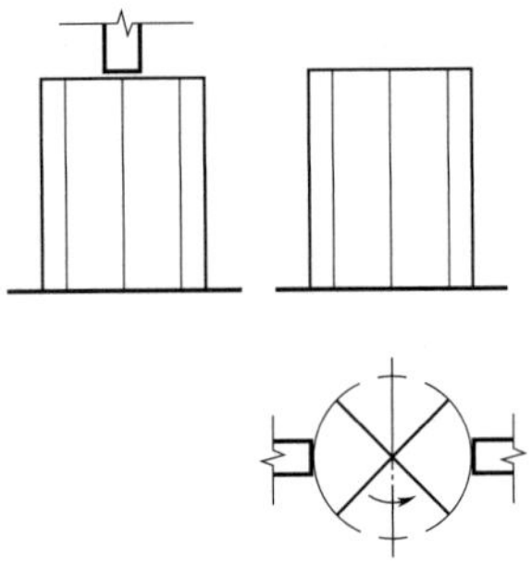	(1) 门的名称代号用 M 表示。 (2) 立面形式应按实际情况绘制
自动门	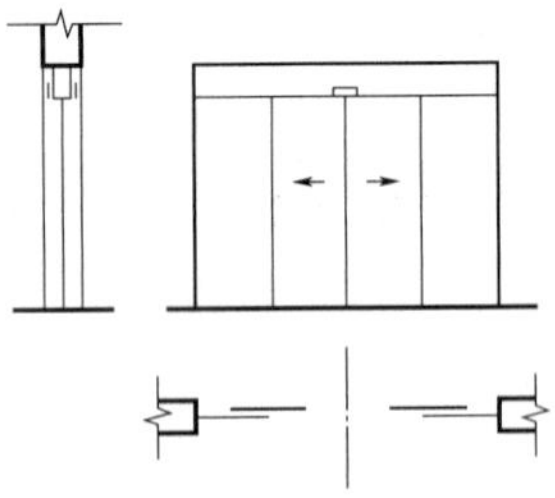	(1) 门的名称代号用 M 表示。 (2) 立面形式应按实际情况绘制
竖向卷帘门	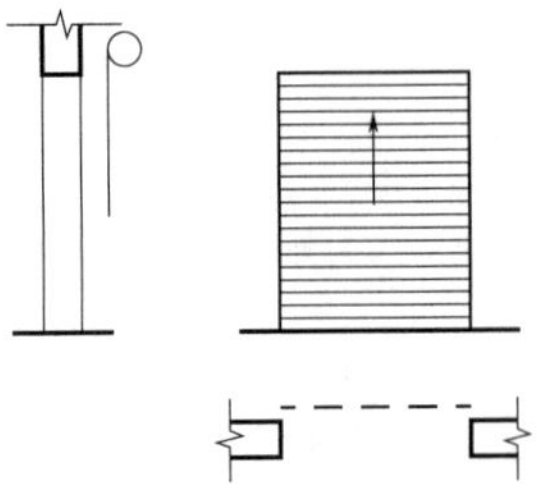	

续表

名　称	图　例	备　注
固定窗	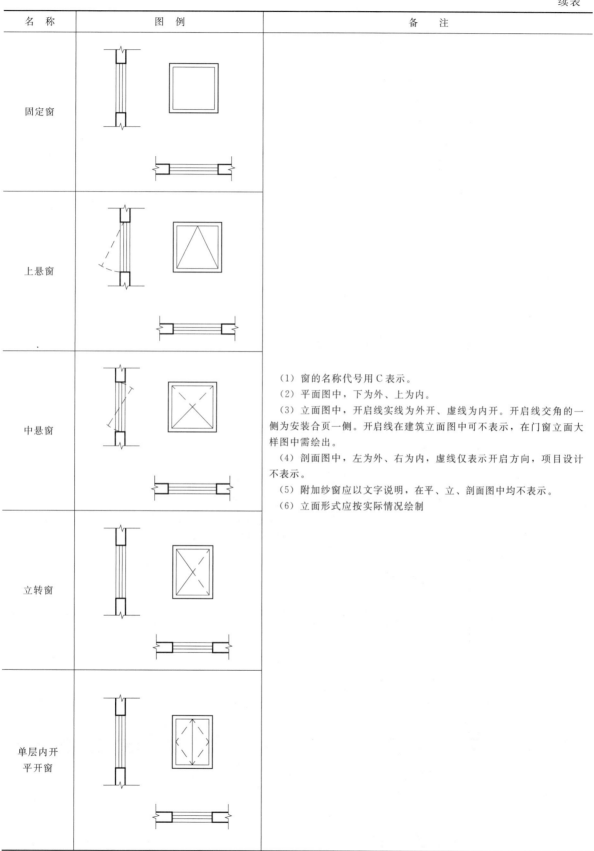	
上悬窗		
中悬窗		（1）窗的名称代号用 C 表示。 （2）平面图中，下为外、上为内。 （3）立面图中，开启线实线为外开、虚线为内开。开启线交角的一侧为安装合页一侧。开启线在建筑立面图中可不表示，在门窗立面大样图中需绘出。 （4）剖面图中，左为外、右为内，虚线仅表示开启方向，项目设计不表示。 （5）附加纱窗应以文字说明，在平、立、剖面图中均不表示。 （6）立面形式应按实际情况绘制
立转窗		
单层内开 平开窗		

续表

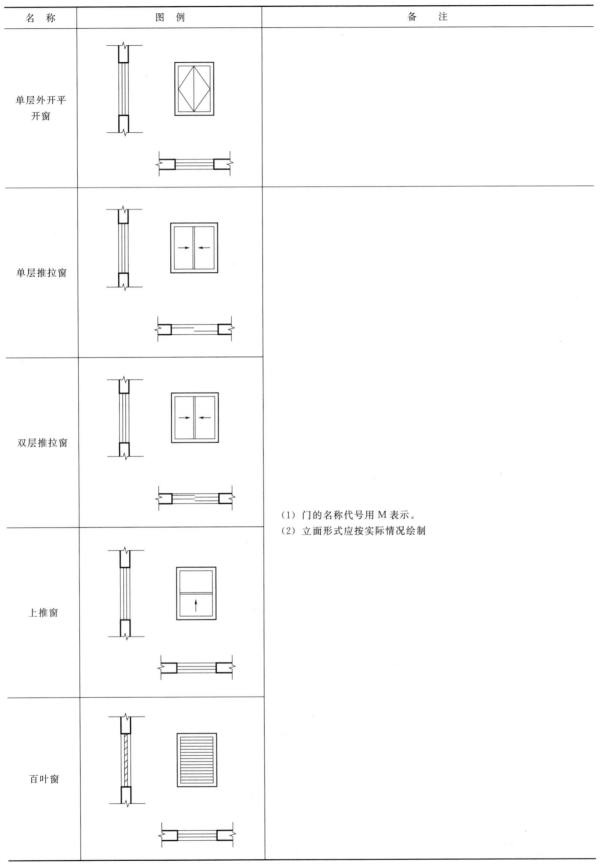

名　称	图　例	备　注
单层外开平开窗		
单层推拉窗		
双层推拉窗		（1）门的名称代号用 M 表示。 （2）立面形式应按实际情况绘制
上推窗		
百叶窗		

续表

名　称	图　例	备　注
高窗	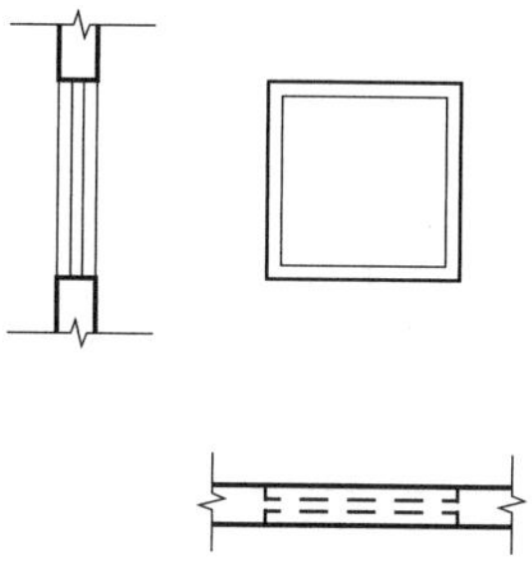 （图例）	（1）窗的名称代号用 C 表示。 （2）立面图中，开启线实线为外开、虚线为内开。开启线交角的一侧为安装合页一侧。开启线在建筑立面图中可不表示，在门窗立面大样图中需绘出。 （3）剖面图中，左为外、右为内。 （4）立面形式应按实际情况绘制。 （5）h 表示高窗底距本层地面标高。 （6）高窗开启方式参考其他窗型

表 1.1－6　　　　　　　　　　常 用 建 筑 材 料 图 例

名　称	图　例	备　注
自然土壤	 （图例）	包括各种自然土壤
夯实土壤	 （图例）	
砂、灰土	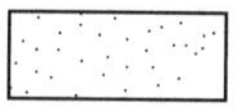 （图例）	靠近轮廓线绘较密的点
砂砾石、碎砖三合土	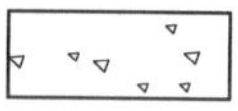 （图例）	
石材	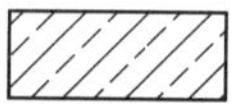 （图例）	
毛石	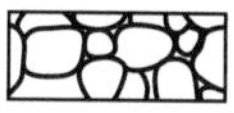 （图例）	
普通砖	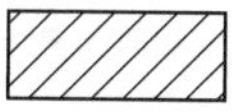 （图例）	包括实心砖、多孔砖、砌块等砌体。断面较窄不易绘出图例线时，可涂红
耐火砖	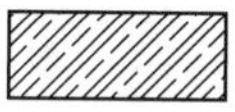 （图例）	包括耐酸砖等砌体
空心砖	 （图例）	指非承重砖砌体
饰面砖	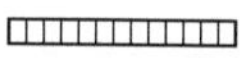 （图例）	包括铺地砖、马赛克、陶瓷锦砖、人造大理石等
焦渣、矿渣	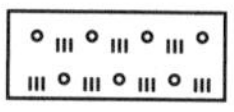 （图例）	包括与水泥、石灰等混合而成的材料
混凝土	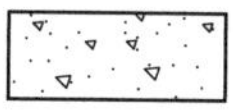 （图例）	（1）本图例指能承重的混凝土及钢筋混凝土。 （2）包括各种强度等级、骨料、添加剂的混凝土。 （3）在剖面图上画出钢筋时，不画图例线。 （4）断面图形小，不易画出图例线时，可涂黑
钢筋混凝土	 （图例）	
多孔材料	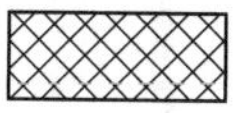 （图例）	包括水泥珍珠岩、沥青珍珠岩、泡沫混凝土、非承重加气混凝土、软木、蛭石制品等
纤维材料	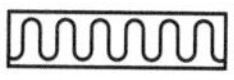 （图例）	包括矿棉、岩棉、玻璃棉、麻丝、木丝板、纤维板等

名　　称	图　　例	备　　注
泡沫塑料材料	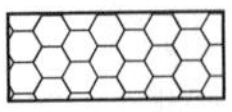	包括聚苯乙烯、聚乙烯、聚氨酯等多孔聚合物类材料
木材	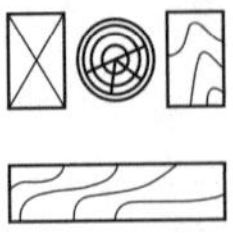	（1）上图为横断面，上左图为垫木、木砖或木龙骨。 （2）下图为纵断面
胶合板	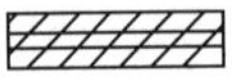	应注明为×层胶合板
石膏板	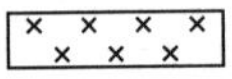	包括圆孔、方孔石膏板、防水石膏板等
金属	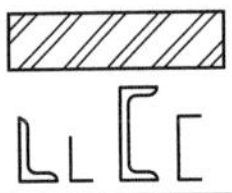	（1）包括各种金属。 （2）图形小时，可涂黑
网状材料		（1）包括金属、塑料网状材料。 （2）应注明具体材料名称
液体	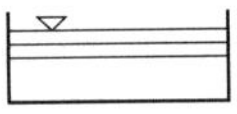	应注明具体液体名称
玻璃	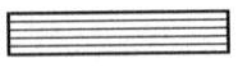	包括平板玻璃、磨砂玻璃、夹丝玻璃、钢化玻璃、中空玻璃、加层玻璃、镀膜玻璃等
橡胶		
塑料	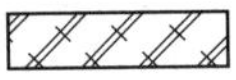	包括各种软、硬塑料及有机玻璃等
防水材料		构造层次多或比例大时，采用上面图例
粉刷	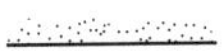	本图例采用较稀的点

1.1.6　符号

　　为准确表达图纸设计内容和相关信息，图样中还会用到一些符号，如指北针符号、标高符号、索引符号等，如图 1.1-22、图 1.1-23 所示。

1.1.6　符号
（微课视频）

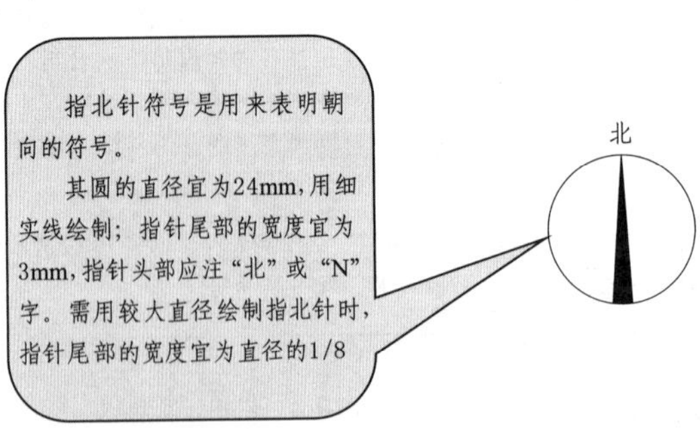

指北针符号是用来表明朝向的符号。

其圆的直径宜为24mm，用细实线绘制；指针尾部的宽度宜为3mm，指针头部应注"北"或"N"字。需用较大直径绘制指北针时，指针尾部的宽度宜为直径的1/8。

北

图 1.1-22　图纸中的指北针符号

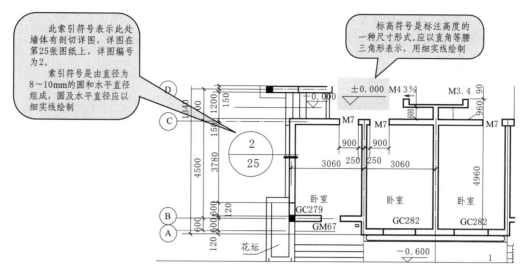

图 1.1-23 建筑图样中的标高符号和索引符号

1.2 制图工具用品

"工欲善其事，必先利其器。"

尺规作图的工具用品有：图纸、图板、丁字尺、三角板、铅笔、圆规、分规、比例尺、模板、擦图片、橡皮、小刀等。计算机绘图主要有计算机及相关 CAD 软件即可。本节主要讲述尺规作图工具用品。

1.2.1 图纸

建筑制图用的图纸分为白图纸和硫酸纸两种，成品图纸图面分为有框和无框，如图 1.2-1 所示。工程中常用的是白图纸，硫酸纸为半透明，其强度高，与印刷胶片一样可以晒版，主要用来打印底版图使用，由底版图晒成多套工程蓝图，图纸存档使用。

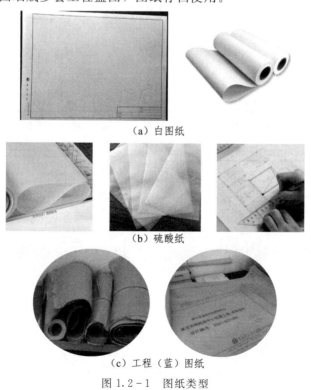

（a）白图纸

（b）硫酸纸

（c）工程（蓝）图纸

图 1.2-1 图纸类型

1.2.1 我国古代建筑制图工具（拓展阅读）

1.2.2 绘图工具（微课视频）

图幅即图纸幅面，指图纸的规格大小。建筑工程图纸幅面的基本尺寸规定有五种，其代号分别为 A0、A1、A2、A3 和 A4。图纸幅面尺寸规定及关系如图 1.2-2 所示。

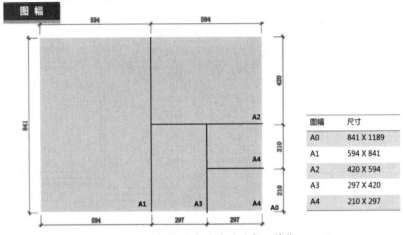

图幅	尺寸
A0	841 X 1189
A1	594 X 841
A2	420 X 594
A3	297 X 420
A4	210 X 297

图 1.2-2 图纸规格尺寸及关系示意（单位：mm）

相邻规格图纸之间成 2 倍关系，即 A3 图幅大小相当于两张并排放置的 A4 图幅，A2 图幅大小相当于两张并排放置的 A3 图幅，A1 图幅大小相当于两张并排放置的 A2 图幅，A0 图幅大小相当于两张并排放置的 A1 图幅。

建筑工程一个专业所用的图纸大小规格应整齐统一，选用图幅时宜以一种规格为主，尽量避免大小图幅掺杂使用。必要时可采用加长图纸，一般不宜多于两种幅面，目录及表格所采用的 A4 幅面，可不在此限。

图幅布置方式有横式布置、竖式布置两种，如图 1.2-3 所示。常用的是横式布置，即以图纸

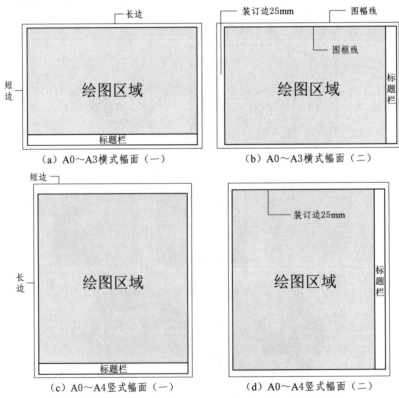

（a）A0～A3横式幅面（一）　　（b）A0～A3横式幅面（二）

（c）A0～A4竖式幅面（一）　　（d）A0～A4竖式幅面（二）

图 1.2-3 图纸的布置方式

的长边作为水平边、短边作为竖直边，绘图时在图框线内从左向右绘制。竖式布置则是以图纸的短边作为水平边、长边作为竖直边，绘图时在图框线内从左向右绘制。

便于成套图纸的装订、查阅、存档以及表明图纸内容的相关设计信息，图纸图框的右侧或下方设置标题栏，标题栏中需要表达的信息及格式如图 1.2-4 所示。

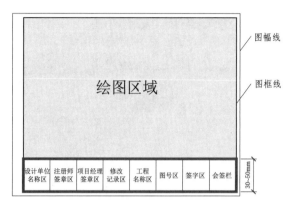

（a）图纸下方的标题栏信息及格式

（b）图纸右侧的标题栏信息及格式

图 1.2-4　图纸中的标题栏位置、表达信息及格式

1.2.3　图纸规格布置（微课视频）

1.2.2　图板

图板是画图时用来安放固定图纸的，如图 1.2-5 所示。

图板根据大小可分为 A0 号（900×1200）、A1 号（600×900）、A2 号（450×600），可根据需要而选定。如 A0 号图板适用于画 A0 号图纸，A1 号图板适用于画 A1 号图纸，A2 号图板可用于画 A2 号图纸、A3 号图纸等。

1.2.3　丁字尺

丁字尺主要用来画图纸中的水平线，如图 1.2-6 所示。

丁字尺由相互垂直的尺头和尺身（含有刻度）组成。使用丁字尺画线作图时，左手把住尺头，让

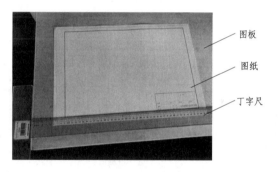

图 1.2-5　图纸固定在图板上作图

1.2.4　安放固定图纸（微课视频）

尺头紧贴图板的左侧边上下移动，直至丁字尺尺身的工作边对准要画线的地方时，右手从左向右画水平线。画较长的水平线时，可把左手滑过来按住尺身，以防止尺尾翘起和尺身摆动。

丁字尺尺身工作边必须平直光滑，不可用丁字尺击物和用刀片沿尺身工作边裁纸。

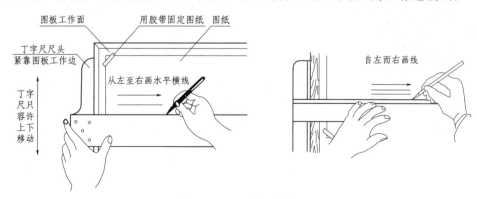

图 1.2-6　丁字尺的使用

丁字尺用完后，宜竖直悬挂起来，以保证尺身平直，避免尺身弯曲变形或折断。

1.2.4 三角板

一副三角板有 30°、60°、90°和 45°、45°、90°两块，如图 1.2-7 所示。三角板内部镂空部分可兼作量角器使用。曲线板主要用于不规则曲线。

三角板的使用如图 1.2-8 所示，主要和丁字尺配合画图纸中的铅垂线和斜线。画铅垂线时，先将丁字尺移动到所绘图线的下方，把三角板放在应画线的右方，并使一直角边紧靠丁字尺的工作边，然后移动三角尺，直到另一直角边对准要画线的地方，再用左手按住丁字尺和三角尺，自下向上画线。

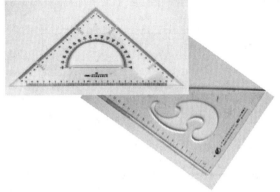

图 1.2-7 可兼作量角器和曲线板的三角板

1.2.5 铅笔

绘图用的铅笔有各种不同的硬度，如图 1.2-9 所示。标号 B、2B、…、6B 表示软铅芯，数字越大，表示铅芯越软；标号 H、2H、…、6H 表示硬铅芯，数字越大，表示铅芯越硬；标号 HB 表示中软。铅笔尖应削成锥形，铅芯露出 6～8mm。削铅笔时要注意保留有标号的一端，以便始终能识别其软硬度。

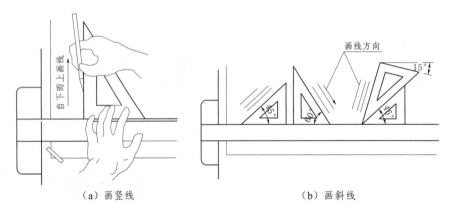

（a）画竖线   （b）画斜线

图 1.2-8 三角板的使用

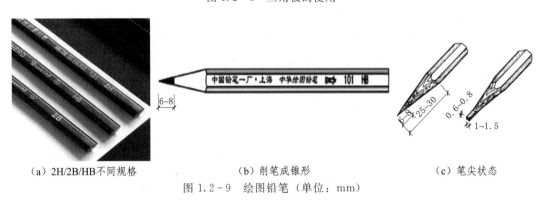

（a）2H/2B/HB不同规格   （b）削笔成锥形   （c）笔尖状态

图 1.2-9 绘图铅笔（单位：mm）

绘图铅笔画底稿宜用 H 或 2H，徒手作图可用 HB 或 B，加重直线用 H、HB（细线）、HB（中粗线）、B 或 2B（粗线）。

使用铅笔绘图时，用力要均匀。持笔的姿势要自然，笔尖与尺边距离始终保持一致，线条才能画得平直准确。

1.2.6 圆规

圆规是用来画圆及圆弧的工具，如图 1.2-10 所示。

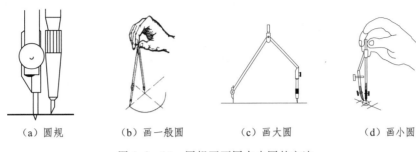

（a）圆规   （b）画一般圆   （c）画大圆   （d）画小圆

图 1.2-10   圆规画不同大小圆的方法

直径在 10mm 以下的圆，一般用点圆规来画。使用时，右手食指按顶部。大拇指和中指按顺时针方向迅速地旋动套管，画出小圆，如图 1.2-10（d）所示。需要注意的是，画圆时必须保持针尖垂直于纸面，圆画出后，要先提起套管，然后拿开点圆规。

1.2.7 分规

分规是截量长度和等分线段的工具，它的两个腿必须等长，两针尖合拢时应汇合成一点如图 1.2-11 所示。

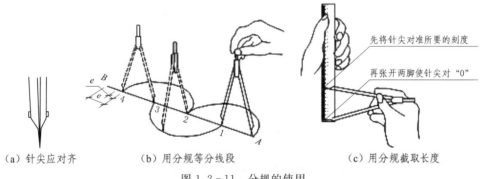

（a）针尖应对齐   （b）用分规等分线段   （c）用分规截取长度

图 1.2-11   分规的使用

用分规等分线段的方法如图 1.2-11（b）所示。例如，分线段 AB 为 4 等分，先凭目测估计，将分规两脚张开，使两针尖的距离大致相等，然后交替两针尖画弧，在该线段上截取 1、2、3、4 等分点；假设点 4 落在 B 点以内，距差为 e，这时可将分规再开，再行试分，若仍有差额（也可能超出 AB 线外），则照样再调整两针尖距离（或加或减），直到恰好等分为止。

1.2.8 比例尺

比例尺是用来按一定比例量取长度的专用尺。常用比例尺有比例直尺和三棱尺（三棱柱状）两种，如图 1.2-12 所示。

三棱尺上通常刻有 6 种比例刻度，分别为 1∶100、1∶200、1∶500、1∶250、1∶300、1∶400 等。比例尺上的数字以 "m" 为单位。

1.2.9 其他

曲线板主要用于不规则曲线的光滑连接，如图 1.2-13 所示。

建筑模板主要用来画各种建筑标准图例、常用符号以及控制字体大小

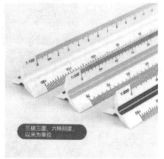

图 1.2-12   比例尺

使用，如图 1.2-14 所示。

　　擦线板或擦图片是利用各种形状的孔洞，准确地擦去错误或多余的线条，如图 1.2-15 所示。

　　除此之外，还有固定图纸的胶带、削铅笔的小刀、修改图样用的橡皮、磨铅笔用的砂纸、保持图纸清洁的刷子等，如图 1.2-16 所示。

图 1.2-13　曲线板的使用

1.2.6　建筑模板的使用（微课视频）

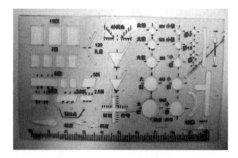

图 1.2-14　建筑模板

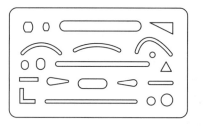

图 1.2-15　修改错误用的擦线板

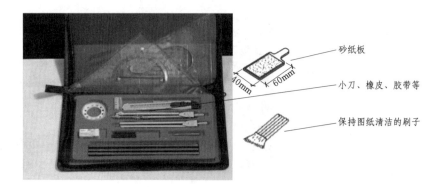

砂纸板

小刀、橡皮、胶带等

保持图纸清洁的刷子

图 1.2-16　绘图的其他用品

1.3　基本几何作图技能

制图常用到以下几何作图方法：线段等分、距离等分、正多边形的绘制、不同情况下的圆弧连接、椭圆、徒手作图等。

1.3.1　等分

1.3.1.1　任意等分已知线段

除了用试分法等分已知线段外，还可以采用已知线法。三等分已知线段 AB 的作图方法如图 1.3-1 所示。

（a）已知条件

（b）过点 A 作任一直线 AC，使 $A1_1 = 1_1 2_1 = 2_1 3_1$

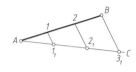
（c）连接 3_1 与 B，分别由点 2_1、1_1 作 $3_1 B$ 的平行线，与 AB 交得等分点 1、2

图 1.3-1　等分线段的方法

1.3.1.2　等分两平行线之间的距离

三等分平行线 AB 和 CD 之间的距离的作图方法如图 1.3-2 所示。

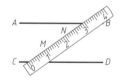
（a）使直尺刻度线上的 0 点落在 CD 线上，转动直尺，使直尺上的 3 点落在 AB 线上，取等分点 M、N

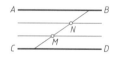
（b）过 M、N 点分别作已知直线段 AB、CD 的平行线

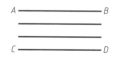
（c）清理图面，加深图线，即得所求的三等分 AB 与 CD 之间的距离的平行线

图 1.3-2　等分两平行线间的距离

1.3.2　正多边形的绘制

1.3.2.1　正六边形的画法

方法一：如图 1.3-3 所示，利用 60°三角板与丁字尺配合，三角板斜边过水平中心线与圆周的交点画线，先作出正六边形的四个边，后连接圆周上的最上面两交点和最下面两交点，即得到正六边形。

方法二：利用圆规六等分圆周后的等分点连接得到正六边形，如图 1.3-4 所示，即分别以 1、

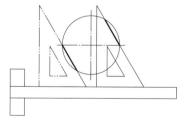
（a）以 60°三角板紧靠丁字尺，分别过水平中心线与圆周的两个交点作 60°斜线

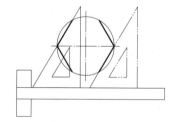
（b）翻转三角板，同样作出另两条 60°斜线

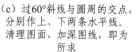
（c）过 60°斜线与圆周的交点，分别作上、下两条水平线。清理图面，加深图线，即为所求

图 1.3-3　正六边形的画法

1.3.1　正六边形画法（视频）

4 点为圆心,原圆半径 R 为半径画弧,交圆于 2、3、5、6 点,得到圆周的六等分点,依次连接六个等分点。

1.3.2.2 正五边形的画法

正五边形的画法如图 1.3-5 所示。

1.3.2 正五边形画法（视频）

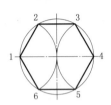

（a）取半径 OB 的中点 C

（b）以 C 为圆心,CD 为半径作弧,交 OA 于 E,以 DE 长在圆周上截得各等分点,连接各等分点

（c）清理图面,加深图线,即为所求

图 1.3-4 利用圆规六等分圆周后连接

图 1.3-5 正五边形的画法

1.3.3 圆弧连接

使直线与圆弧相切或圆弧与圆弧相切来光滑连接图线,称为圆弧连接,常见的连接形式有:直线间的圆弧连接、圆弧与直线连接、圆弧与圆弧连接等。

作图关键点:为保证连接光滑,必须准确地求出连接弧的圆心和切点的位置。

1.3.3.1 直线间的圆弧连接

如图 1.3-6 所示,用半径为 R 的圆弧连接两已知直线 AB 和 BC。

1.3.3 两直线间的圆弧连接（视频）

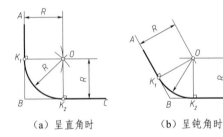

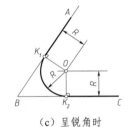

（a）呈直角时　　　　　　（b）呈钝角时　　　　　　（c）呈锐角时

图 1.3-6 用圆弧连接两条已知直线

关键画图步骤如下。

（1）求圆心:分别作与两已知直线 AB、BC 相距为 R 的平行线,得交点 O,即半径为 R 的连接弧的圆心。

（2）求切点:自点 O 分别向 AB 及 BC 作垂线,得垂足 K_1 和 K_2 即为切点。

（3）画连接弧:以点 O 为圆心,R 为半径,自点 K_1 至 K_2 画圆弧,即完成作图。

1.3.3.2 圆弧与直线连接

如图 1.3-7 所示,用半径为 R 的圆弧连接已知直线 AB 和圆弧（半径 R_1）。

关键画图步骤如下:

（1）求圆心:作与已知直线 AB 相距为 R 的平行线;再以已知圆弧（半径 R_1）的圆心为圆心,$R_1 + R$（外切时）或 $R_1 - R$（内切时）为半径画弧,此弧与所作平行线的交点 O,即半径为 R 的连接弧的圆心。

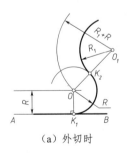

1.3.4 直线与圆弧间的圆弧连接（视频）

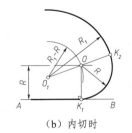

（a）外切时　　　　　（b）内切时

图 1.3-7 用圆弧连接已知直线和圆弧

（2）求切点：自圆心 O 向 AB 作垂线，得垂足 K_1；再作两圆心连线 OO_1（外切时）或两圆心连线 OO_1 的延长线（内切时），与已知圆弧（半径 R_1）相交于点 K_2，则 K_1、K_2 即为切点。

（3）画连接圆弧：以 O 为圆心，R 为半径，自点 K_1 至 K_2 画圆弧，即完成作图。

1.3.3.3 圆弧与圆弧连接

如图 1.3-8 所示。用半径为 R 的圆弧连接两已知圆弧（半径分别为 R_1、R_2）。

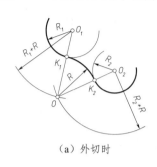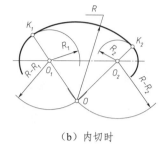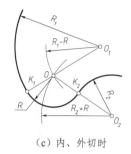

（a）外切时　　　　　　（b）内切时　　　　　　（c）内、外切时

图 1.3-8　用圆弧连接两已知圆弧

1.3.5 圆弧间的圆弧连接 1（视频）

1.3.6 圆弧间的圆弧连接 2（视频）

1.3.7 圆弧间的圆弧连接 3（视频）

关键画图步骤：

（1）求圆心：分别以 O_1、O_2 为圆心，R_1+R_2 和 R_2+R（外切时）、$R-R_1$ 和 $R-R_2$（内切时）、或 R_1-R 和 R_2+R（内、外切时）为半径画弧，得交点 O，既半径为 R 的连接弧的圆心。

（2）求切点：作两圆心连线 O_1O、O_2O 或它们的延长线，与两已知圆弧（半径 R_1、R_2）分别交于点 K_1、K_2，则 K_1、K_2 即为切点。

（3）画连接弧：以 O 为圆心，R 为半径，自点 K_1 至 K_2 画圆弧，即完成作图。

1.3.4 椭圆的近似画法

椭圆画法较多，已知椭圆的长短轴（或共轭轴），可以用四心圆法作近似椭圆，称为四心圆法；也可以用同心圆法作椭圆，称为同心圆法，如图 1.3-9 所示。

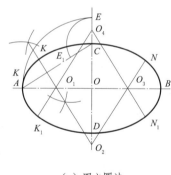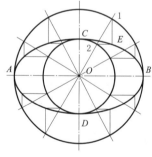

（a）四心圆法　　　　　　　　　（b）同心圆法

图 1.3-9　椭圆的画法

1.3.4.1 四心圆法作图方法

（1）画长短轴 AB、CD，连接 AC，并取 $CF=OA-OC$（长短轴差）。

（2）作 AF 的中垂线与长、短轴上交于两点 1、2，在轴上取对称点 3、4，得四个圆心。

（3）连接 O_1O_2、O_2O_3、O_3O_4、O_4O_1 并适当延长。

（4）分别以 O_1、O_2、O_3、O_4 为圆心，以 O_1A、O_2C、O_3B、O_4D 为半径，顺序作四段相连圆弧（两大两小四个切点在有关圆心连线上），即为所求。

1.3.4.2 同心圆法作图方法

以长轴和短轴的同心圆上的八个等分点为基础，水平和垂直划线后的交点连接而成，如图 1.3-

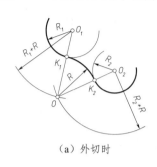

1.3.8 四心椭圆画法（视频）

9（b）所示。

1.3.5　徒手作图

徒手作图是表达构思草拟方案、现场参观记录以及创作交流的快速表达方式。不受场地和工具种类的限制，一般有笔有纸就可以进行，非常方便。

徒手作图时的握笔姿势需放松自然，眼睛需在大范围内观察终点前进，以掌握运笔方向，如图1.3-10所示。

常见的斜线和圆徒手作图方法，如图1.3-11、图1.3-12所示。

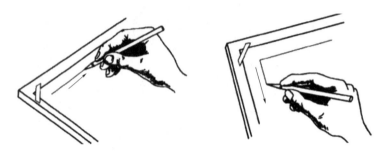

图 1.3-10　徒手作图握笔示意

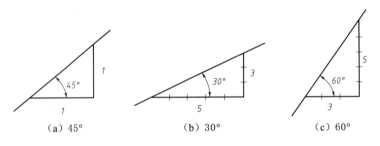

（a）45°　　　　　　（b）30°　　　　　　（c）60°

图 1.3-11　徒手作特殊角度斜线的方法

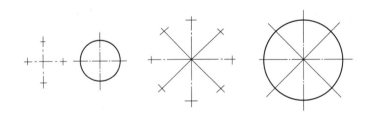

图 1.3-12　徒手作圆的方法

1.4　绘图基本步骤与方法

绘制一幅完整的图样一般分为三个阶段进行，如图1.4-1所示。

图 1.4-1　一般绘图的三个阶段

各阶段具体步骤方法操作如下。

1.4.1 绘图前的准备工作

（1）准备好绘图所需的工具仪器等，用小毛巾等擦干净并保持清洁。

（2）根据要绘图的数量、内容及其图样尺寸大小和比例要求，选定好合适的规格图纸。

（3）在图板上合理安放、固定好图纸。如图 1.4 - 2 所示，可利用丁字尺刻度边缘与图纸下面的图幅边缘或图框线对齐的方法，保证图纸在图板上的横平竖直后，用透明胶带固定图纸。

（4）熟悉图样任务内容，按比例计算图形所占面积大小，落笔之前心中有数，做到布图均匀合理，即根据绘图比例预先估计各图形的大小及预留尺寸线的位置，将图形均匀、整齐地安排在图纸上，避免某部分太紧凑或某部分过于宽松。

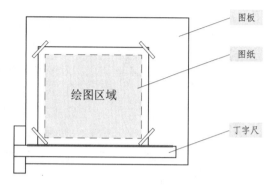

图 1.4 - 2 图纸固定示意

1.4.2 绘图过程中的底稿绘制

该阶段的目的是确定图样在图纸上的确切位置，所以不分线型和粗细，全部用 2H 或 H 铅笔轻画完成。

作图时，一般是由图样观察分析后，先画图形的轴线、中心线、对称线、底边线、左右边线等基准线，再根据图线之间的几何关系依次画图形的主要轮廓线，然后画细部；对于图线，是先曲后直、先细后粗、先点画后轮廓、先平后竖进行。

直线部分要用铅笔配合丁字尺、三角板等完成；曲线部分则由圆规、分规、曲线板等实现。

1.4.3 图样的整理

该阶段是表现作图技巧、提高作图质量的重要阶段，应认真细致，一丝不苟。

底稿经查对无误后进行加深、整理图线，完成图样。即在加深图线前要认真校对底稿，利用擦线板上各种形状的孔洞，准确地擦去错误或多余的线条。图形完善后，再按图线规定要求画尺寸线、尺寸界线以及相关符号等。

加深原则是先曲后直、先细后粗；从左至右，从上到下。

加深图线应做到线型正确、粗细分明，图线与图线的连接要均匀光滑、准确，图面要整洁。一般用 2B 铅笔加深粗线，用 B 铅笔加深中粗线，用 HB 铅笔加深中线、写字和画箭头，用 2H 或 H 加深细线。对于字体、图例符号等部分用建筑模板比较方便。

加深圆时，圆规的铅芯应比画直线的铅芯软一级。用铅笔加深图线用力要均匀，边画边转动铅笔，使粗线均匀地分布在底稿线的两侧，如图 1.4 - 3 所示。

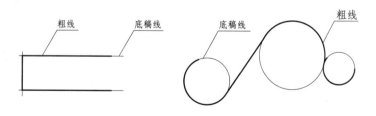

图 1.4 - 3 加深的粗线与底稿线的关系

加深图线的具体步骤如下：

（1）加深所有的点画线。

（2）加深所有粗实线的曲线、圆及圆弧。

（3）用丁字尺从图的上方开始，依次向下加深所有水平方向的粗实直线。

（4）用三角板配合丁字尺从图的左方开始，依次向右加深所有的铅垂方向的粗实直线。

（5）从图的左上方开始，依次加深所有倾斜的粗实线。

（6）按照加深粗实线同样的步骤加深所有的虚线曲线、圆和圆弧，然后加深水平的、铅垂的和倾斜的虚线。

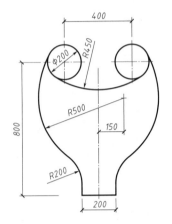

（7）按照加深粗线的同样步骤加深所有的中实线。

（8）加深所有的细实线、折断线、波浪线等。

（9）画尺寸起止符号或箭头。

（10）加深图框、图标。

（11）注写尺寸数字、文字说明，并填写标题栏。

完成后的图样应达到以下要求：

（1）图面整洁、美观。

（2）图线粗细均匀合理，连接光滑顺畅。

（3）字体大小位置规范合理。

（4）尺寸标注位置规范合理。

最后，去掉透明胶带，从图板上取下图纸，完成作图。

图 1.4-4　阳台金属栏杆平面图形

【绘图举例】　按比例**抄绘**如图 1.4-4 所示阳台金属栏杆平面图形。

抄绘前除准备好必要的绘图工具用品外，需要做好如下平面图形观察、分析和图面布置工作：如观察、分析图形是否对称？图线之间的几何关系如何？底边、侧边的位置在哪里？对称线、中心线、底边线、左右边线往往是作为基准线开始落笔的重要图线。线段的连接是由图线的几何关系如相切、内切、外切等确定绘制的。通过观察分析可确定出作图顺序。

抄绘过程如图 1.4-5 所示分步进行：

（1）用 2H 铅笔绘制底稿线，先画出基准线后，根据图线之间的几何关系依次绘制**已知线段**、**中间线段**、**连接线段**，如图 1.4-5（a）、（b）、（c）所示。

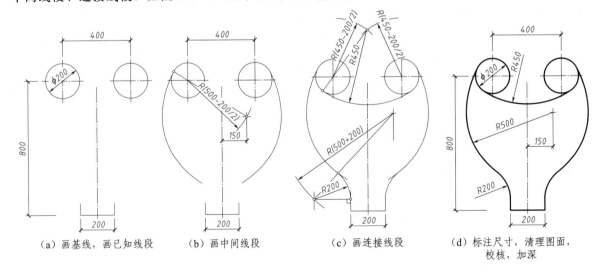

（a）画基线，画已知线段　　（b）画中间线段　　（c）画连接线段　　（d）标注尺寸，清理图面，校核，加深

图 1.4-5　阳台金属栏杆图形抄绘过程

（2）在底稿基础上整理、描深图线。即擦去不必要的图线，用 2B 铅笔按线型描深平面图形线、用 HB 铅笔标注尺寸等，如图 1.4-5（d）所示。

- 已知线段是定形尺寸、定位尺寸齐全，可以直接画出的线段。
- 中间线段是有定形尺寸，而定位尺寸则不全，还需根据与相邻线段的一个几何连接关系才能画出的线段。
- 连接线段是只有定形尺寸，而无定位尺寸，需要根据两个连接关系才能画出的线段。

技能实训

目标要求

1. 了解图纸表达要素中的图线、字体、比例、尺寸标注的相关规定并正确运用图示表达。
2. 了解手工制图工具如图板、丁字尺、铅笔、三角板、圆规和分规等的正确使用。
3. 掌握图纸布置的一般步骤和方法。
4. 能够运用几何作图知识技能绘制出平面图形。
5. 掌握平面图形的分析方法。
6. 掌握平面图形的绘制步骤和方法。

1.1　工程字书写练习

【任务内容与要求】　请在如下表格中练习书写工程字。书写内容自定，书写数量为 10 号字和 7 号字各两行。

【技能指导】　工程字的书写要领：横平竖直、起落分明、结构匀称、布满方格。如图技训 1.1-1 所示。

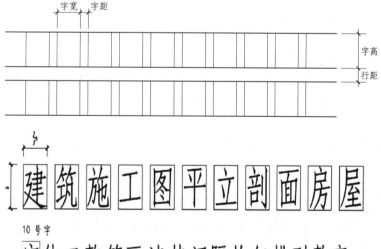

图技训 1.1-1　工程字的书写要领

书写过程中注意字体结构中笔画位置。可以先观察图技训 1.1 - 2 字体结构分析,图技训 1.1 - 3 所示正确和错误结构对比。

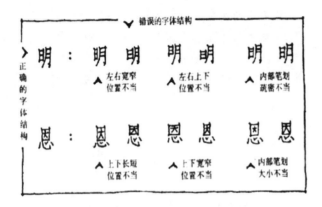

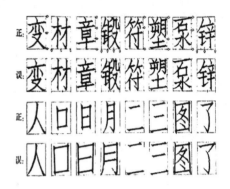

图技训 1.1 - 2　工程字的字体结构分析　　　　图技训 1.1 - 3　工程字的正确和错误结构对比

【工程字书写练习评判标准】　主要从以下方面评判:

(1) 字体是否工整、笔画清楚。

(2) 字与字的间隔是否均匀、排列整齐。

(3) 字体笔画顺序是否正确。

(4) 字体笔画是否符合长仿宋体的要领特点。

1.2　图线与尺寸标注练习

【任务内容与要求】　请用一张 A3 号图幅图纸按要求绘制如图技训 1.2 - 1 所示图形内容。

(1) 比例:自定合适比例。

(2) 图面:布置合理、均匀、美观。

(3) 图线:线型规范准确,粗细合理分明。

(4) 字体:文字书写用 5 号字,尺寸数字均用 3 号字,字体端正,符合制图要求。

(5) 作图准确,尺寸标注规范合理,图面整洁、美观,布局均匀合理。

(6) 材料图例绘制时需大小一致,旁边需注明材料图例名称。材料图例的准确表达请查阅《房屋建筑制图统一标准》(GB/T 50001—2017)。其中,材料图例内部图形线倾斜 45°用细线均匀绘制,轮廓线用粗实线绘制。

(7) 图纸标题栏内用长仿宋体 7 号字注明班级、姓名、学号等信息。

【技能指导】

(1) 注意图形比例合适,图面布置均匀合理。

(2) 尺规作图注意合理使用绘图铅笔,图线线型与粗细表达合理,符合国家制图标准。用 2H 画细线和画尺寸线、尺寸界线;2B 画粗线;HB 铅笔画中粗线及书写字体。

(3) 尺寸标注的大小、位置符合国家制图标准中对尺寸标注的规定,尺寸数字书写规范整齐。

(4) 材料图例表达正确,材料图例线均匀合理,内部用细线,外轮廓用粗线。

(5) 图面是否整洁美观。

图线与尺寸标注练习布图和绘制可参考如图技训 1.2 - 2 所示。

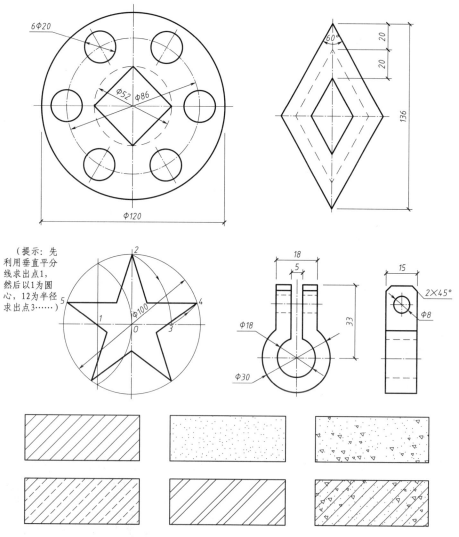

图技训 1.2-1　图线与尺寸标注练习图形

【图线与尺寸标注练习评判标准】　主要从图面布局、图线、尺寸标注、书写等方面按制图标准规定评判。

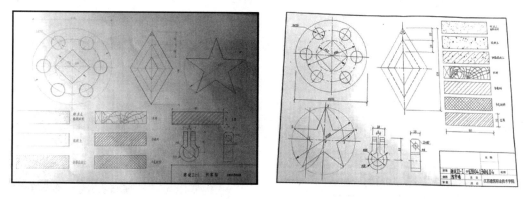

图技训 1.2-2　图线与尺寸标注练习布图和绘制参考

单元 2 制图与识图原理

学习导图

根据三维立体画二维平面 ── 投影法及工程应用
三面投影图的形成与关系
三面投影图的绘制

制图与识图原理

根据二维平面图想象三维立体 ── 三面投影图的识读方法
读图表达——轴测图绘制

知识与技能

2.1 根据三维立体画二维平面

2.1.1 投影法及工程应用

投影法是在平面上表达空间物体的基本方法，是绘制工程图样的基础。

如图 2.1-1 所示，观察日常生活中的影子现象，可以发现二维平面的影子是可以或多或少反映实际三维空间物体的形状与大小的。在图纸上绘制工程图样来表达三维空间的建筑信息情况与物体在地面或墙面产生的影子现象是类似的，都是以二维图形反映三维空间物体状况，如图 2.1-2 所示。

图 2.1-1 影子现象

于是，人们由影子现象总结出在二维平面图纸上表达三维空间物体的基本方法，这种方法称为投影法。

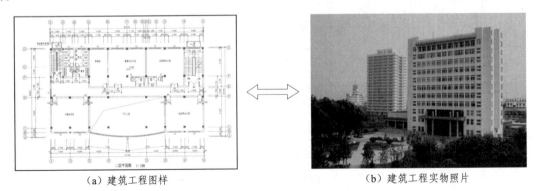

（a）建筑工程图样   （b）建筑工程实物照片

图 2.1-2 二维建筑工程图样表达反映三维建筑信息

44

利用投影法作图时，看不见的光线在投影法中称为投射线，而投射线具备穿透性，形体经投射线形成投影，如图2.1-3所示。投影作图时必须把投射线投射到的形体轮廓线表达出来。另外，当投射线与投影面保持垂直时，投影图可以反映实际形体相关尺寸大小，有利于作图。

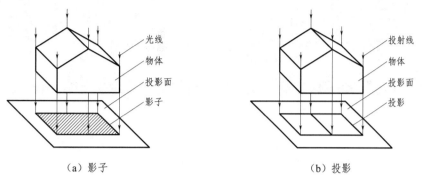

图2.1-3　投影法作图与影子现象之间的对比

投影法根据投射线相互关系、投射线与投影面关系的不同有不同的作图方法。不同的投影法作图时会形成不同的投影图，如图2.1-4所示。

图2.1-4　投影法分类以及应用

中心投影法是将空间形体投射到单一投影面上得到图形的作图方法，如图2.1-5（a）所示，所有投射线从同一投射中心出发，S为投射中心，$\triangle ABC$表示空间物体，$\triangle abc$表示在投影面上的投影。当物体位置发生改变时，其对应的投影大小会随之发生改变。根据投射中心与物体距离的远近不同，投影图形呈现出"近大远小、近高远低、近疏远密"特点，不能反映出物体的实际尺寸，比较符合人眼看物体的状况特性。因此，中心投影法主要用作透视效果图，如图2.1-5（b）所示。利用中心投影法作出的效果图加上色彩后似照片一样形象逼真，具有丰富的立体感，与人的视觉习惯相符，容易看懂，与人沟通比较方便，如图2.1-6所示。但作图比较麻烦，且度量性差，无法从图中获取工程尺寸大小，是不能作为施工依据的。

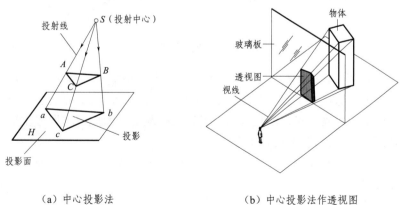

（a）中心投影法　　　　（b）中心投影法作透视图

图2.1-5　中心投影法及透视图

平行投影法是投射线互相平行的投影方法，如图2.1-7所示。投射线垂直于投影面时为正投

（a）建筑外观效果图　　　　　　　　　　　（b）室内效果图

图 2.1-6　建筑透视效果图举例

影法；投射线倾斜于投影面时为斜投影法。

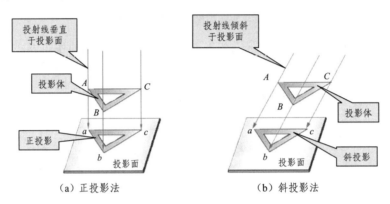

（a）正投影法　　　　　　　　　　　（b）斜投影法

图 2.1-7　平行投影法

　　如图 2.1-8 所示，轴测图是根据平行投影法绘制的单面投影，是某些物体的三维直观立体图。和效果图对比，一样呈现物体的立体感，但又有所不同，不呈现近大远小，相互平行且尺寸相同的保持一样长度绘制。因为只是单面投影，不能全面反映物体状况，常用来绘制工程中的辅助图样。

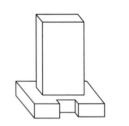

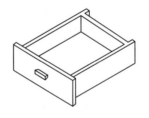

图 2.1-8　轴测图举例

　　利用正投影法作图时，其得到的正投影图可以准确地反映空间物体的大小和形状，且作图简便，度量性好，所以正投影法在工程中得到广泛的采用，如图 2.1-9 所示。建筑工程图样以及表达地形地貌的等高线图（标高投影）就是采用正投影法绘制的。因此，本课程主要学习这种投影方法。今后不作特别说明，"投影"即指"正投影"。

　　正投影的直观性较差，需要经过训练才能读懂，而且要准确反映三维实物整体状况时，需要绘制多面投影图才能实现。

　　正投影的基本特性如下：

　　（1）从属性。如图 2.1-10 所示，正投影的从属性主要是针对两个几何元素。空间点属于直线，则点投影从属直线投影；空间点属于平面，则点投影从属平面投影；空间直线属于平面，则直

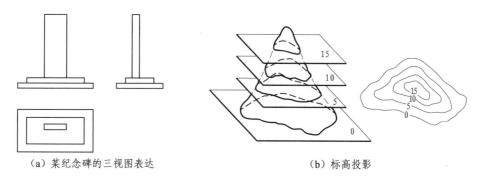

（a）某纪念碑的三视图表达　　　　　　　（b）标高投影

图 2.1-9　正投影法在工程中的应用

线投影从属平面投影。反之，则不成立。

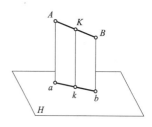

（2）类似性。点的投影仍是点；直线倾斜于投影面时其投影仍是直线，但长度缩短；平面倾斜于投影面时其投影为平面的类似形，图形面积缩小。如图 2.1-11 所示阴影部分。

【注意】　类似形不是相似形，图形最基本的特征不变。如多边形（六边形）的投影仍为多边形，且物体有平行的对应边，其投影的对应边仍互相平行。

（3）实形性（全等性）。即当直线平行于投影面时其投影反映实长，平面平行于投影面时其投影反映实形，如图 2.1-12 所示阴影部分。

图 2.1-10　从属性

（4）积聚性。即直线垂直于投影面时其投影积聚为一点，平面垂直于投影面时其投影积聚为直线，如图 2.1-13 所示阴影部分。

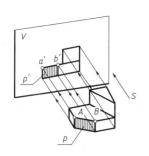　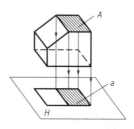　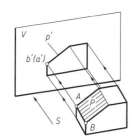

图 2.1-11　类似性　　　　图 2.1-12　实形性　　　　图 2.1-13　积聚性

由平面和直线的投影特点可以看出：当平面和直线平行于投影面时，其投影图具有实形性。因此，在画物体的投影图时，为了使投影能够准确反映物体表面的真实形状，并使画图简便，应该让物体上尽可能多的平面和直线平行或垂直于投影面。

2.1.1　三面投影形成及其关系（微课视频）

2.1.2　三面投影图的形成与关系

如图 2.1-14 所示，仅有一个投影图是不能确定出空间物体的形状和大小的。不同空间形状的形体 A、B、C、D、E，在从上向下投射时的投影却是相同的；反之，投影图对应的空间形体可能是 A、可能是 B、可能是 C、可能是 D、可能是 E。

同理，如图 2.1-15 所示，两个正投影也是不能确定其空间物体的形状和大小的。

即不同空间形状的物体 A、C、D，不仅从上向下投射时的投影是相同的，而且从前向后投射的投影也是相同的。

为了在二维图纸平面上完整、准确地表达三维空间形体的形状和大小，通常需要用三面投影图来绘制图样，而对于较为复杂的形体，则用多面投影图来绘制图样。

三面投影图的形成是一个假想的过程，如图 2.1 - 16 所示。

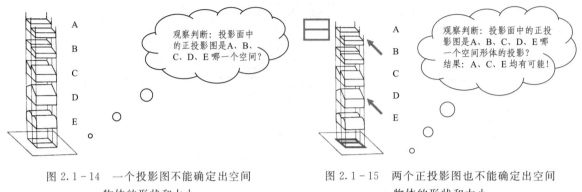

图 2.1 - 14　一个投影图不能确定出空间　　　图 2.1 - 15　两个正投影图也不能确定出空间
　　　　　　物体的形状和大小　　　　　　　　　　　　　　物体的形状和大小

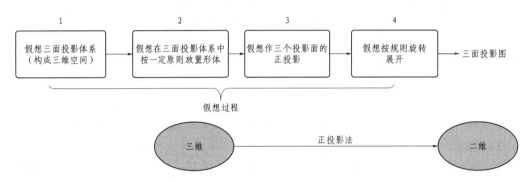

图 2.1 - 16　三面投影图的形成过程示意

（1）假想 1：建立三面投影体系。如图 2.1 - 17 所示，假想的三面投影体系由 3 个两两互相垂直的平面构成。其中，一个平面与地面保持水平，称为水平投影面，简称水平面或 H 面；一个平面是位于正正方的竖直面，称为正立投影面，简称正面或 V 面；剩余一个平面是位于右侧的竖直面，称为侧立投影面，简称侧面或 W 面。通过看教室的右前方墙角来进行理解三个投影面位置关系。此时，两两相交平面产生的交线 OX、OY、OZ 称为投影轴，简称 X 轴、Y 轴、Z 轴，三轴的交点 O 称为投影原点。

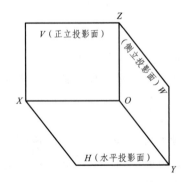

图 2.1 - 17　建立三面投影图体系

（2）假想 2：在三面投影体系中放置三维形体。假想将某空间形体放置在假想好的三面投影体系中，放置原则如下：

1）尽可能多的平面与某一投影面平行。

2）符合正常或自然使用状态。

比如，一本书的放置，根据书本身既是直四棱柱、又是长方体的特点，有平放、长边立放、短边立放等多种放置状态；但在正常使用状态下，应采用平放状态比较合适。而对于建筑中的柱子，则以常见的端面在上下放置进行。

（3）假想 3：分别向三个投影面作形体的正投影。如图 2.1 - 18 所示，按照"人—形体—投影平面"的顺序，分别向 V 面、H 面、W 面作正投影。即从前向后垂直于 V 面投射作形体轮廓线的投影；从上向下垂直于 H 面投射作作形体轮廓线的投影；从左向右垂直于 W 面投射作形体轮廓线的投影。

（4）假想 4：按规则旋转展开。如图 2.1 - 19 所示，为了使三个投影图能画在平面的一张纸上，并具有可度量性，规定正立投影面及其投影图保持不动；把水平投影面及其投影图一起绕 OX 轴向下旋转 $90°$，把侧立投影面及其投影图一起绕 OZ 轴向右旋转 $90°$，展开后的三个投影图即可在同一个平面上。将展开后在同一个平面上的三个投影图，称之为三面投影图，三个投影分别称之为正面投影、水平投影、侧面投影。

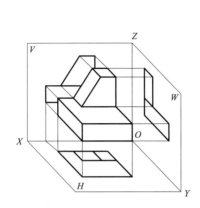

图 2.1 - 18 　放置形体并作正投影

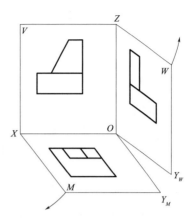

图 2.1 - 19 　正立投影面（V 面）不动，将其他两个
投影旋转 $90°$展开后，和 V 面保持在同一个平面

　　展开后的三面投影如图 2.1 - 20 所示。以正面投影图为准，水平投影图在正立投影图的正下方，侧面投影图在正面投影图的正右方，三面投影图的名称不必标出。为了简化作图，在三面投影图中可不画投影面的边框线，投影图之间的距离可根据具体情况确定，如图 2.1 - 21 所示。

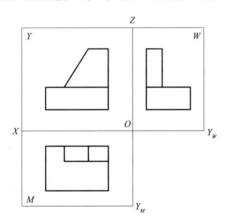

图 2.1 - 20 　展开后的三面投影图

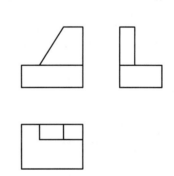

图 2.1 - 21 　去掉投影面边框后的三面投影图

　　三面投影图表示同一位置的物体状况，其展开后的二维三面投影图反映的方位，每个投影图只反映物体四个方位，如图 2.1 - 22 所示。正面投影图反映物体的上下和左右尺寸；水平投影图反映物体的前后和左右尺寸；侧面投影图反映物体的前后和上下尺寸。

　　因为是表示同一位置的物体，其展开后的二维三面投影图反映的尺寸关系，每个投影图只反映物体两个方向的尺寸，三面投影图之间的尺寸存在对应的"三等"关系，如图 2.1 - 23 所示。正面投影与水平投影"长对正"，即左右尺度对应；正面投影与侧面投影"高平齐"，即上下尺度对应；水平投影与侧面投影"宽相等"，即前后尺度对应。

　　【注意】①整体尺寸和局部尺寸都存在对应的"三等"关系；②三面投影图之间的"三等"关系是绘图和读图的基础；③点、线、面等几何元素的三面投影同样遵循三等关系规律；④"三等"关系中的长宽高与几何立体意义的长宽高并不相同，而是将平行于 OX 轴方向的尺寸称为长，平行于 OY 轴方向的尺寸称为宽，平行于 OZ 轴方向的尺寸称为高。

2.1.3 三面投影图的绘制

三面投影图的基本绘制步骤和方法，以某长方体的三面投影图绘制为例，如图 2.1-24 所示。

第一步：根据比例估算出投影图所占面积大小，用 2H 铅笔在合适的位置先绘制水平和垂直十字相交线，表示投影轴，确定三面投影图的位置，如图 2.1-24（a）所示。

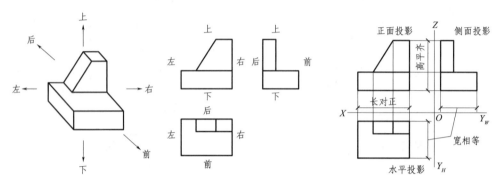

图 2.1-22 三面投影图反映的方位关系　　　图 2.1-23 三面投影图的尺寸对应关系

第二步：用 2H 铅笔先绘制最能够反映形体特征的投影图，可以是 V 面投影，也可以是 H 面投影，还可以是 W 面投影，根据具体情况而定。很多时候是先绘制 H 面投影或 V 面投影。如图 2.1-24（b）所示。

第三步：根据"三等关系"中的"长对正"，V 面和 W 面投影的各相应部分用 2H 铅笔画铅垂线对正绘制，如图 2.1-24（c）所示。

第四步：根据"三等关系"中的"高平齐"，V 面和 W 面投影的各相应部分用 2H 铅笔画水平线拉齐绘制；根据"三等关系"中的"宽相等"，常常通过原点 O，作 45°角平分线的方法保证 H 面和 W 面投影保证宽度相等。如图 2.1-24（d）所示。除此之外，也可以采用用圆弧的方法或作 45°斜线的方法或直接测量的方法，如图 2.1-25 所示。

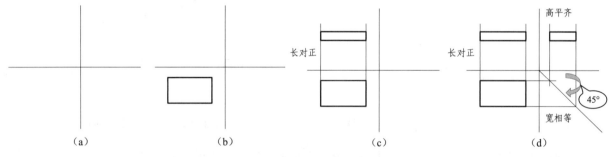

（a）　　　　　　　（b）　　　　　　　（c）　　　　　　　（d）

图 2.1-24 三面投影图的绘制步骤与方法

第五步：校核图线无误后，将投影线加深，与作图过程中的辅助线区分。其中，可见的形体投影线用实线，不可见的形体投影线用虚线。

2.1.3.1 基本形体的三面投影图

基本形体的三面投影图是绘制复杂形体投影的基础。基本形体主要有平面立体和曲面立体两类：平面立体表面由若干平面围成，常见的平面立体有棱柱、棱锥、棱台等，如图 2.1-26 所示；曲面立体表面由曲面围成或由平面和曲面围成，常见的曲面立体有圆柱、圆锥、圆台、球体等，如图 2.1-27 所示。

（1）平面立体的三面投影绘制。因为平面立体的表面是由若干平面围成的，表面的平面又是由

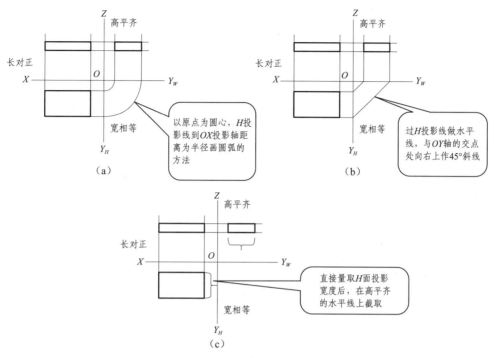

图 2.1-25 保证 *W* 面投影与 *H* 面投影"宽相等"的方法

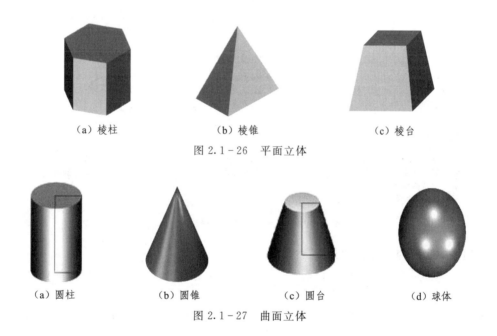

（a）棱柱　　　　（b）棱锥　　　　（c）棱台

图 2.1-26 平面立体

（a）圆柱　　　（b）圆锥　　　（c）圆台　　　（d）球体

图 2.1-27 曲面立体

若干棱线围合而成，所以平面立体的三面投影绘制实质就是作出平面立体端面（底面）的投影和立体上所有棱线的投影。

以竖直放置的直四棱柱为例，平面立体的三面投影绘制过程如图 2.1-28 所示。

作图过程中需要注意：

1）可见棱线的投影线画成加深的实线，而不可见棱线投影线画成虚线。

2）当可见棱线的投影线与不可见棱线投影线相重合时，则画成实线。

3）对于有对称特点的立体，用对称线作为基准线进行绘图，便于准确定位。

（2）曲面立体的三面投影绘制。因为曲面立体表面是曲面，不存在棱线，所以曲面立体的轮廓分界定位不像平面立体那样方便。为准确定位，先用细的单点长画线作出曲面立体的中心线和轴线的投影，然后再作出端面（底面）的投影，作出轮廓素线的投影。

以常见状态放置的圆锥为例，曲面立体的三面投影绘制过程如图 2.1-29 所示。

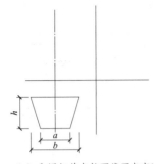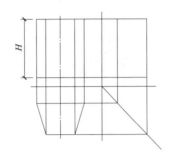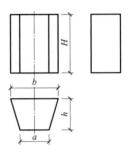

（a）先用细单点长画线画出直四棱柱的对称线，作为基准线，在基准线基础上，绘制反映直四棱柱端面实形的水平投影　　（b）根据三面投影关系，作出其他两面投影　　（c）检查整理图线，加深投影线，与辅助线区分开

图 2.1-28　某直四棱柱的三面投影绘制

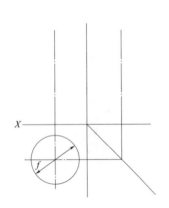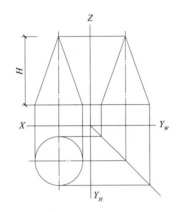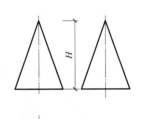

（a）先用细单点长画线画出圆锥的轴线投影和圆锥底圆的中心定位线，在中心定位线的投影基础上，绘制底圆的投影　　（b）根据三面投影关系，作出其他两面投影　　（c）检查整理图线，加深投影线，与辅助线区分开

图 2.1-29　某圆锥的三面投影绘制

2.1.3.2　组合体的三面投影图绘制

任何复杂形体都是由基本形体组合而成，复杂形体又称组合体。组合的方式有叠加、切割、混合等，如图 2.1-30～图 2.1-32 所示。

组合体的投影绘制分为两个阶段进行：准备阶段和绘图阶段，具体如下。

（1）叠加类组合体投影的绘制。叠加类组合体三面投影图的绘制实质是作出其叠加的各基本形体的三面投影。

52

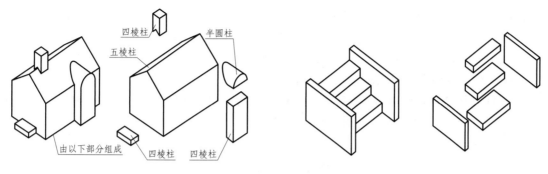

图 2.1-30　叠加类组合体

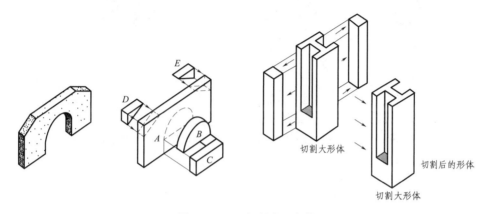

图 2.1-31　切割类组合体

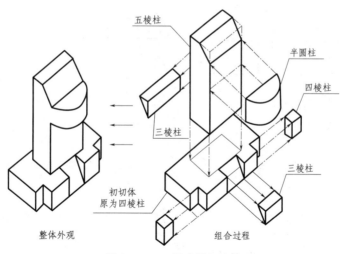

图 2.1-32　混合类组合体

叠加类组合体投影的绘制思路如下：

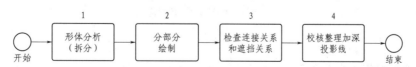

其中，形体分析（拆分）即分析由哪几部分叠加形成，每部分之间的叠加位置关系。检查连接关系和遮挡关系，是确定该留哪些线，不该留哪些线，被遮挡的画成虚线。基本形体在叠加组合过

程中的连接关系会影响组合体投影线的绘制。

各基本形体在组合过程中相互之间的连接关系有：共面、不共面、相切、相交四种情况。针对不同的连接关系，在作图中有的需要画线表达，有的不需要画线表达。具体如下：

1）叠加类组合体在连接处是平齐（共面）时，根据平齐（共面）方位，投射到的连接处不画投影线；不平齐（不共面）则要投影画线，如图 2.1-33（a）、（b）所示。

2）两形体叠加时表面相切处不画投影线；相交时则要画投影线，如图 2.1-33（c）、（d）所示。切割、穿孔时则要画出截交线的投影线，如图 2.1-33（e）所示。相贯时画出相贯线的投影线，如图 2.1-33（f）所示。

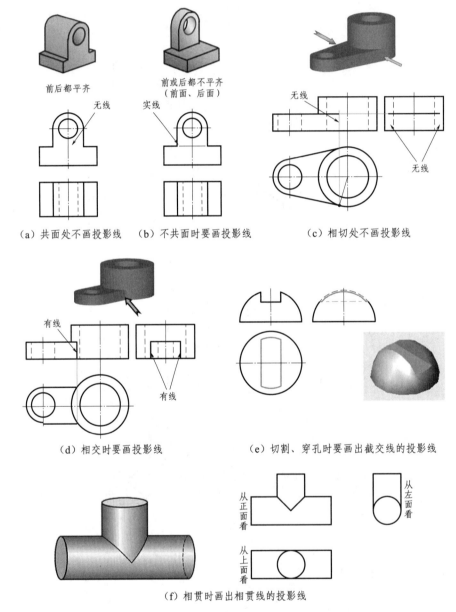

图 2.1-33　叠加类组合体的组合连接关系会影响组合体投影线的绘制

【叠加类组合体投影绘制举例】　以图 2.1-34（a）所示台阶的三面投影绘制为例，具体绘制步骤与方法如下：

第一阶段——绘图之前的准备阶段。

准备阶段第一步：对复杂形体进行形体分析，即①该复杂形体由哪些基本形体组合而成；②组合方式是哪类；③各基本形体相对位置和相互关系如何，连接表面是共面还是不共面，是相切还是相交；④整体是否对称；⑤组合体的前后、左右、上下等六个方面哪一个面最能显示形体特征。

如图 2.1－34 所示，台阶呈现左右对称的特点，是由 5 个基本形体叠加和切割而成，全部为平面立体。其中，中间是三块长度和高度相同、宽度不同的四棱柱③、④、⑤，对齐后叠放形成台阶，左右两边是由长方体截切的五棱柱①和②，它们紧靠台阶而成栏板。

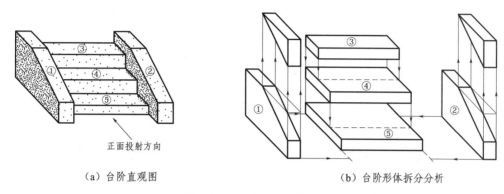

（a）台阶直观图　　　　　　　　　　　（b）台阶形体拆分分析

图 2.1－34　台阶的形体分析

准备阶段第二步：确定组合体的摆放和投射方向。在用投影图表达物体的形状大小时，物体的安放位置及投影方向对物体图样表达的清晰程度有明显影响。因此，要确定好组合体的摆放位置。一般来说，应考虑以下原则：①符合正常自然使用状态，正面投影能较明显反映物体的形状特征和各部分的对应关系；②尽量减少虚线；③图纸利用较为合理。即在满足①、②原则下，一般将物体的长度方向沿 OX 投影轴布置对图纸利用是较为有利的。如图 2.1－35（b）所示长度沿 OX 轴较（a）图中长度沿 OY 轴合理。

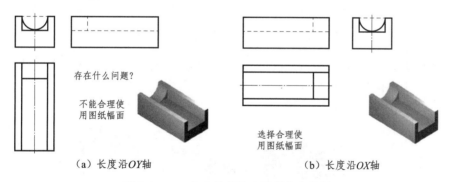

存在什么问题？

不能合理使用图纸幅面

选择合理使用图纸幅面

（a）长度沿 OY 轴　　　　　　　　　　（b）长度沿 OX 轴

图 2.1－35　组合体摆放和投射方向举例

图 2.1－34 中，台阶的位置为自然使用状态的最好摆放位置，正面能反映台阶形体的特征。组合体的底面一般取与水平投影面（大地）平齐。

准备阶段第三步：确定好组合体投影图的数量、比例、布局。即根据物体的大小和复杂程度，以清晰表达出图样为目的，确定好图样的比例、数量和图幅，并妥善布局。对于一般的三面投影图来讲，即按照三面投影图的形成，根据比例，估算好三面投影图占用的图纸面积大小，适当安排好组合三面投影图的位置，布局均匀。

第二阶段——作图阶段。

作图阶段第一步：用 2H 铅笔打底稿作图。作图过程如图 2.1－36（a）、（b）、（c）所示。

按照"长对正、高平齐、宽相等"三等关系，在作图过程中一般按先画大形体后画小形体、先画曲面体后画平面体、先画实体后画空腔的次序进行。对于每个组成部分，应先画反映形状特征的投影，再画其他投影。要特别注意各部分的组合相对位置关系（前后、左右、上下）和表面连接关系（共面、不共面、相切、相交）的投影处理。如果是对称图形，先作出对称线。

作图阶段第二步：校核、整理、加深组合体投影线。作图过程如图 2.1-36（d）所示。

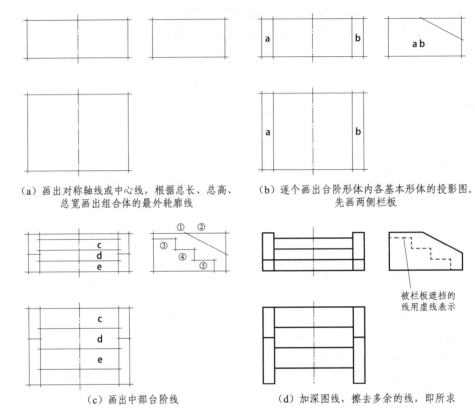

（a）画出对称轴线或中心线，根据总长、总高、总宽画出组合体的最外轮廓线

（b）逐个画出台阶形体内各基本形体的投影图。先画两侧栏板

（c）画出中部台阶线

（d）加深图线，擦去多余的线，即所求

图 2.1-36　台阶的三面投影图的绘制步骤

2.1.2　叠加类三视图绘制（微课视频）

2.1.3　切割类三视图绘制（微课视频）

（2）切割类组合体投影的绘制。切割位置可能沿着基本形体上下左右前后等边缘位置切割，也可能沿着基本形体中间切割成槽状或孔状，如图 2.1-37 所示。

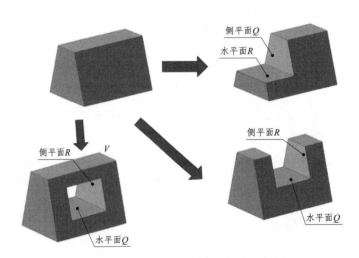

图 2.1-37　切割组合体的不同位置切割

切割类组合体投影的绘制思路如下：

【切割类组合体投影的绘制举例】 以图 2.1-38 （d）所示的切割组合体为例，切割类组合体绘制步骤与方法如图 2.1-38 （a）、（b）、（c）所示。

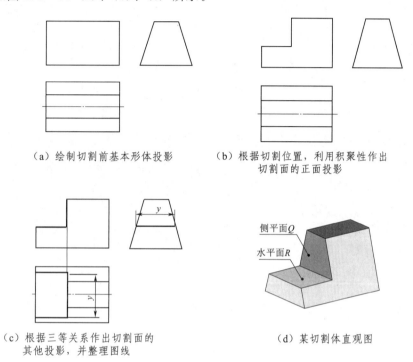

（a）绘制切割前基本形体投影

（b）根据切割位置，利用积聚性作出切割面的正面投影

（c）根据三等关系作出切割面的其他投影，并整理图线

（d）某切割体直观图

图 2.1-38 切割类组合体投影绘制举例

（3）混合类组合体投影的绘制。在叠加类和切割类组合体投影绘制基础上综合考虑绘制。这里不再赘述。

2.2 根据二维平面图想象三维立体

如图 2.2-1 所示，读图与画图是两个思维相反的过程。读图是画图的逆过程，即根据给定的二维平面投影图信息，想象出对应的空间形体状况。

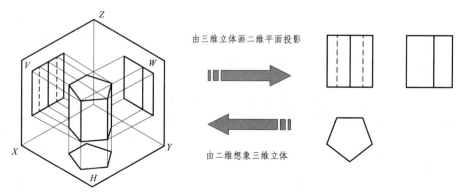

图 2.2-1 读图是画图的逆过程

　　读图可以借助轴测图（立体图）绘制、立体模型制作（图2.2-2）以及补图等方法实现。其中，轴测图绘制是快速表达空间形体的一种图示方法，立体模型是空间立体的一种直观表达方式。读图过程中根据需要可以选择不同方式来培养读图能力和空间想象力。

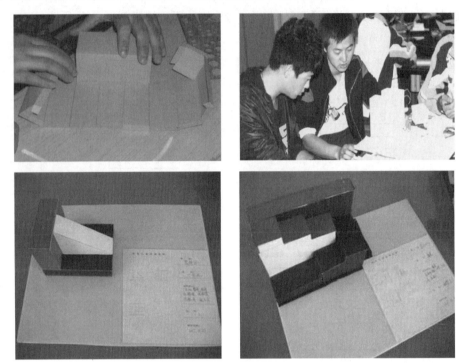

图2.2-2　借助模型制作是读图方法

2.2.1　三面投影图的识读方法

　　识读三面投影图必知必会的方法如下。

　　（1）熟悉并运用基本体三面投影图的特征读图。

　　基本体三面投影图的特征要领为"矩矩为柱、三三为锥、梯梯为台、圆圆为球"。具体包括：①若三面投影中有两个投影为一个或若干矩形，那么一定是柱体；②若两个投影为一个或若干有公共顶点的三角形，那么一定是锥体；③若两个投影为一个或若干梯形，那么一定是台体；④若三个投影为大小相等的圆形，那么一定是球体。

　　投影线若全部是直线，一定是平面立体；若投影线中有曲线，则必定是曲面立体。

　　具体识读运用如下：

　　1）棱柱的三面投影特征。将（直）棱柱如四棱柱、五棱柱、六棱柱等的三面投影对比后会发现：棱柱的三面投影图特征是其中一个投影为多边形，四棱柱就是四边形，五棱柱就是五边形，六棱柱就是六边形等，另外两个投影为一个或若干矩形。反之，当三面投影图的信息满足上述特点时即可判定为棱柱。

　　2）棱锥的三面投影特征。将棱锥如四棱锥、五棱锥、六棱锥等的三面投影对比后会发现：棱锥的三面投影图特征是其中一个投影的外轮廓为多边形，四棱锥就是四边形，五棱锥就是五边形，六棱锥就是六边形等，另外两个投影为一个或若干有公共顶点的三角形。反之，三面投影图的信息满足上述特点时即可判定为棱锥。

　　3）棱台的三面投影特征。将棱台如四棱台、五棱台、六棱台等的三面投影对比后会发现：棱台的三面投影图特征是其中一个投影为两个相似多边形，四棱台就是四边形，五棱台就是五边形，六棱台就是六边形等，另外两个投影为一个或若干梯形。反之，三面投影图的信息满足上述特点时即可判定为棱台。

4）圆柱的三面投影特征。两个投影的外轮廓为大小一样的矩形，另一个投影为圆形。反之，三面投影图的信息满足上述特点时即可判定为圆柱。

5）圆锥的三面投影特征。两个投影的外轮廓为大小一样的等腰三角形，另一个投影为圆形。反之，三面投影图的信息满足上述特点时即可判定为圆锥。

6）圆台的三面投影特征。两个投影的外轮廓为大小一样的梯形，另一个投影为两同心圆。反之，三面投影图的信息满足上述特点时即可判定为圆台。

7）圆球的三面投影特征。三个投影为大小相等的圆形。反之，三面投影图的信息满足上述特点时即可判定为圆球。

【例题 2-1】　根据图 2.2-3（a）的三面投影图，判定其空间形体状况。

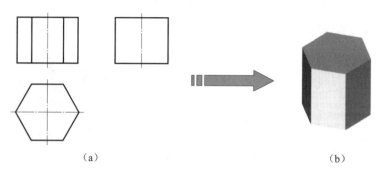

（a）　　　　　　　　　　　　　　（b）

图 2.2-3　根据三面投影图，判定其空间形体状况

解答步骤一：首先判定是哪一类型的基本形体，以限定想象范围。是平面立体还是曲面立体？经过观察，三面投影图全部由直线组成，无曲线，可限定为平面立体范围。

解答步骤二：判定是哪一种具体的基本形体。是棱柱、棱锥，还是棱台？根据投影特征要领"矩矩为柱、三三为锥、梯梯为台、圆圆为球"，初步判断为柱体；经过进一步观察，三面投影图中两个投影为若干矩形，一个投影为正六边形。投影满足六棱柱的三面投影特征，可判定为正六棱柱。

解答步骤三：判定该六棱柱的摆放状态。经过观察，水平投影为正六边形，是反映正六棱柱的端面实际形状的，因此，可以判定该正六棱柱的端面是平行于水平投影面放置的。因此，判定其空间形体状况如图 2.2-3（b）所示。

【例题 2-2】　根据图 2.2-4（a）的三面投影图，判定其空间形体状况。

解答步骤一：经过观察，三面投影图全部由直线组成，无曲线，可限定为平面立体范围。

解答步骤二：根据投影特征要领"矩矩为柱、三三为锥、梯梯为台、圆圆为球"，初步判断为柱体；经过观察，三面投影图中两个投影为若干矩形，一个投影为不等边的五边形。投影满足五棱柱的三面投影特征，可判定为五棱柱。

解答步骤三：判定该五棱柱的摆放状态。经过观察，侧面投影为五边形，是反映五棱柱的端面实际形状的，因此，可以判定该五棱柱的端面是平行于侧投影面放置的。

因此，判定其空间形体状况如图 2.2-4（b）所示。

【例题 2-3】　根据图 2.2-5（a）的三面投影图，判定其空间形体状况。

解答步骤一：经过观察，三面投影图有曲线出现，可限定为曲面立体范围。

解答步骤二：根据投影特征要领"矩矩为柱、三三为锥、梯梯为台、圆圆为球"，初步判断为柱体；经过观察，三面投影图中一个投影圆形，另外两个投影为大小一样的梯形。投影满足圆台的三面投影特征，可判定为圆台。

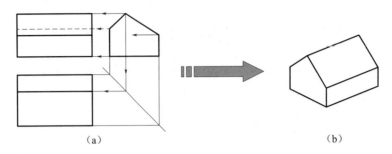

图 2.2-4　根据三面投影图，判定其空间形体状况

解答步骤三：判定该圆台的摆放状态。经过观察，侧面投影为两同心圆，是反映圆台端面实际形状的圆形，因此，可以判定该圆台的端面是平行于侧投影面放置的。

因此，判定其空间形体状况如图 2.2-5（b）所示。

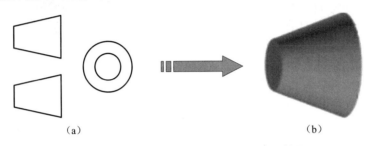

图 2.2-5　根据三面投影图，判定其空间形体状况

任何复杂形体都由简单基本形体组合而成。在熟悉基本形体的投影特征基础上，可利用形体分析法对比较复杂的组合体投影进行阅读，尤其适用于叠加类的组合体。

【注意】 利用形体分析法读图的基本思路是：先根据投影图的特征状况，分别判定想象出组合体各部分的基本形体，再根据投影图表达的相对位置关系，综合解读出组合体投影图所对应的组合体整体状况。具体步骤方法见［例题 2-4］所示。

形体分析法的关键是封闭线框的划分和对投影，封闭线框相对应的投影也都是封闭线框。

【例题 2-4】 根据图 2.2-6（a）组合体的投影图，想象其空间立体状况。

解答步骤一：观察投影图，初步判断组合体整体状况。即根据投影线是否曲直，初步判断组合体的组成有无曲面体存在。经过观察，三面投影图全部由直线组成，无曲线，即可限定为该组合体无曲面存在。

解答步骤二：找出形状特征明显的投影图，分线框。即将三面投影图进行对比后找出投影形状特征明显的投影图，划分若干封闭线框。本例题的三面投影中，水平投影形状特征相对明显，因此，将水平投影划分为四个封闭线框，如图 2.2-6（a）所示。

解答步骤三：对投影并判断各组成部分。即根据水平投影四个封闭线框，分别按三等关系在正面投影和侧面投影中找出对应的投影，并根据基本形体的投影特征，判断其对应的基本形体，如图 2.2-6（b）～（e）所示。

解答步骤四：按照水平投影的前后、左右位置以及正面投影的上下高低位置关系，综合想象出整体，如图 2.2-6（f）所示。

（2）理解一个投影图中出现的封闭线框含义和一（两）个投影图的不确定性，并运用读图。

如图 2.2-7 所示，一个投影图中的一个封闭线框可能代表一个空间形体的平面或曲面或倾斜面或曲面。

当一个投影图中出现相邻线框时，则表明对应空间形体的表面一定是由凸出或凹进的平（曲）

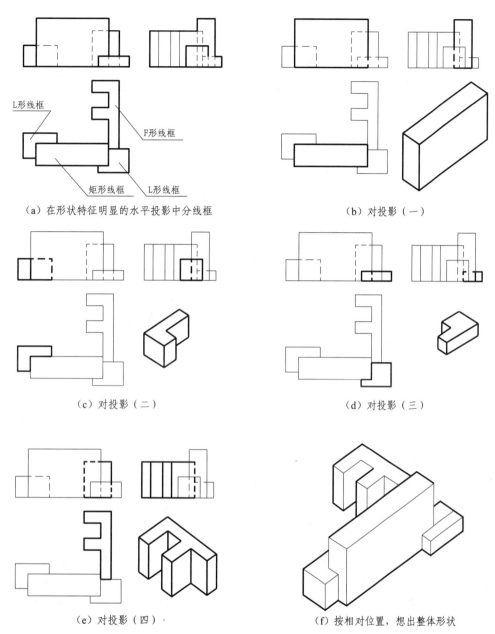

（a）在形状特征明显的水平投影中分线框

（b）对投影（一）

（c）对投影（二）

（d）对投影（三）

（e）对投影（四）

（f）按相对位置，想出整体形状

图 2.2 - 6 形体分析法读图举例

面或倾斜面组成。此时，如果是水平投影图中出现相邻线框，则表明该空间形体从上向下看时，一定是上下有高低不平的面出现；如果是正立面投影图中出现相邻线框，则表明该空间形体从前向后看时，一定有前后有不平的面出现；如果是侧立面投影图中出现相邻线框，则表明该空间形体从左向右看时，一定有左右有不平的面出现。如图 2.2 - 8 所示，根据水平投影 1、2 两个封闭线框，对应的空间形体可能是 A、B、C、D、E、F 等。

当投影图中出现线框套线框时，小线框表示凸出或凹进去的平面或曲面或斜面，也可能是打通的孔或槽。如图 2.2 - 9 所示，根据正面投影中两个同心圆的封闭线框，可以想象对应的空间形体可以是两个直径大小不同的圆柱前后叠加、圆柱和圆锥的叠加、圆柱和球体的叠加、圆管等。

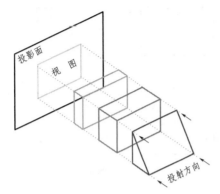

图 2.2-7 一个封闭线框可能对应的是
空间形体的平面或倾斜面或曲面

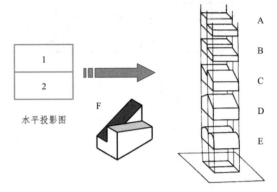

图 2.2-8 一个投影图中出现两个相邻线框
表明对应的空间形体一定是凹凸不平的

图 2.2-9 一个投影图中出现两个封闭线框可想象出多个形体举例

由一（两）个投影图中的封闭线框是很难确定其对应的空间形体的，需结合其他投影图才能判断。

（3）学会分析图中投影线、线框的含义并运用读图。

1）投影图中的投影线可能是线的投影，也可能是面的积聚投影。如果三面投影均对应为投影线，则空间对应的一定是线；三面投影中对应中如果有一个封闭线框出现则空间对应的一定是面；而三面投影对应的三个投影均为封闭线框时，空间对应的一定是投影面的类似性，如图 2.2-10 所示。

2）投影图中的封闭线框，一般是立体上某一几何表面的投影，可能是平面、曲面，也可能是孔、槽的投影；关键看线框对应的部分：如是直线，一定是平面，如是曲线，一定是曲面，如图 2.2-11 所示。如果投影图中出现虚线，则组合体中必有孔、洞、槽等出现，如图 2.2-12 所示。

3）在分析图中线框、图线的含义时，注意未封闭线框对应的特殊相切情况，如图 2.2-13 所示。

学会分析图中投影线、线框的含义是运用线面分析法读图的基础。线面分析法是阅读切割类组合体的必要方法。

【注意】 利用线面分析法读图的基本思路：组合体除了叠加组合方式外，组合体也可以看成表面是由平面或曲面围合而成。因此，只要将组合体各表面状况根据投影图解读出来，并按照一定的顺序围合在一起，便形成对应的组合体。即根据组合体的投影状况，分析出空间形体表面各相邻面的状况，并按投影图中投影框或线的相对位置关系，读出投影图所对应的空间形体形状。具体步骤方法如［例题 2-5］所示。和形体分析法对比，线面分析法的关键是划分的封闭线框对应的不是封闭线框，而是线段。

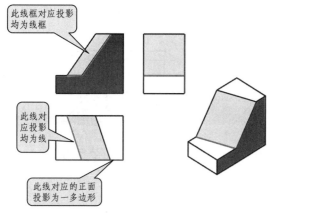

图 2.2－10　投影线的空间对应判断

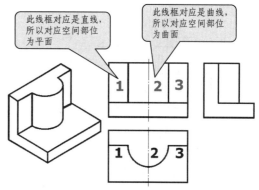

图 2.2－11　投影图中的封闭线对应空间是
平面或曲面的判断

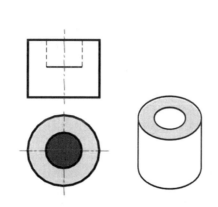

图 2.2－12　投影图中出现虚线时的判断

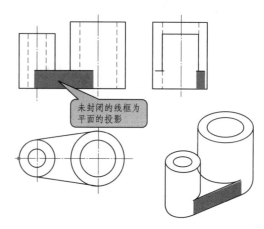

图 2.2－13　投影图中出现未封闭线框时的判断

【例题 2－5】　根据图 2.2－14 组合体的投影图，想象其空间立体状况。

解答步骤一：观察投影图整体。有无曲线？找出形状特征明显的投影图。先用形体分析法进行。经过观察，三面投影图全部由直线组成，无曲线，可限定为该组合体无曲面存在。从正面投影和侧面投影可以看出，该组合体分为上下两部分。下部分根据三面投影状况，符合长方体的投影特征，可判定为长方体。但上部分的形状就无法再使用形体分析法进行，而采用线面分析法。

解答步骤二：组合体上部分采用线面分析法，如图 2.2－15（a）～（g）所示。

解答步骤三：上部分和下部分叠加，想象出整体，如图 2.2－15（g）～（i）所示。

【注意】三面投影图的识读要领如下：

（1）读图是边看图、边想象的思维过程。在阅读组合体投影图的过程中，并不是单一地使用某种方法就可以解决的，而是综合运用所掌握的方法与经验。复杂的组合体识读常常是既有形体分析法运用，又有线面分析法运用。

（2）三面投影图之间的"三等关系"和"方位关系"是绘图和读图的基础，须熟悉并运用三面投影的三等关系和方位关系读图。

（3）识读组合体投影图时应"先整体，后细部"，细部可采用按顺序或编号办法依次阅读。

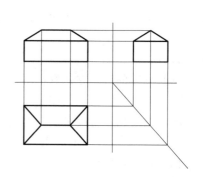

图 2.2－14　某组合体的三面投影图

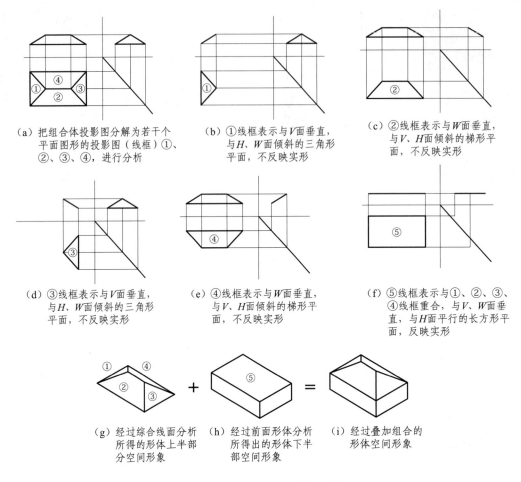

（a）把组合体投影图分解为若干个
平面图形的投影图（线框）①、
②、③、④，进行分析

（b）①线框表示与V面垂直，
与H、W面倾斜的三角形
平面，不反映实形

（c）②线框表示与W面垂直，
与V、H面倾斜的梯形平
面，不反映实形

（d）③线框表示与V面垂直，
与H、W面倾斜的三角形
平面，不反映实形

（e）④线框表示与W面垂直，
与V、H面倾斜的梯形平
面，不反映实形

（f）⑤线框表示与①、②、③、
④线框重合，与V、W面垂
直，与H面平行的长方形平
面，反映实形

（g）经过综合线面分析
所得的形体上半部
分空间形象

（h）经过前面形体分析
所得出的形体下半
部空间形象

（i）经过叠加组合的
形体空间形象

图 2.2-15　线面分析法读图的应用

（4）识读过程中，注意抓住有特征的投影图识读，同时一定将多个投影图联系阅读，才能综合准确地想象出投影图对应的空间形体状况。如图 2.2-16 所示，两组投影图中侧面投影①处的斜线与水平线决定了形体斜坡面和水平面的差别，同时，水平投影中②处直线与圆弧线的差异，表明了形体前部挖切的形状不同。

同时，在读图过程中，最好是边思考边勾画其空间立体形状，使自己的思考不断接近正确。即一般是先根据某一视图作设想，然后把自己的设想在其他投影图上作验证，如果验证相符，则设想成立；否则再作另一种设想，直到想象出来的物体形状与已知的投影图完全相符为止。

2.2.2　读图表达——轴测图绘制

在设计过程中不仅要将图看懂，能够根据三面投影图，想象出其空间立体的样子，更需要表达给别人看。

空间立体的表达方式有：①利用模型的方式表达，如图 2.2-17 所示，直观性强但耗时；②利用轴测图的方式表达，如图 2.2-18 所示，快捷方便，但需掌握一定的技巧方法。

轴测图是用平行投影法（即投射线相互平行）将形体投射在单一投影面上所得到的图形。如图 2.2-19 所示，轴测图只需要一个投影面就可以表达其空间状况，直观立体感强，表达较快，但不能准确度量物体的形状和大小。所以轴测图在工程中常用来作辅助图样。

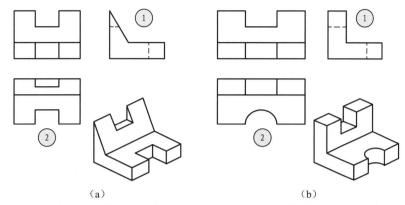

图 2.2-16　根据投影线的特征读图举例

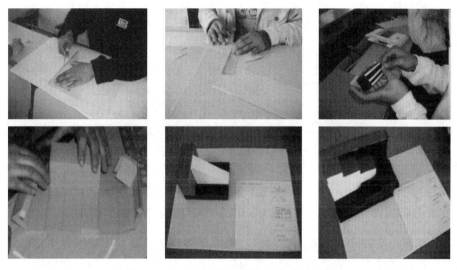

图 2.2-17　通过模型制作表达空间形体

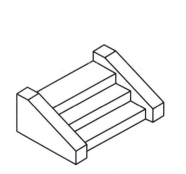

图 2.2-18　绘制轴测图表达空间形体

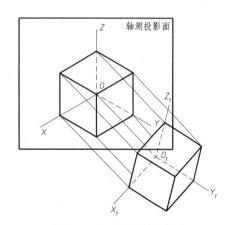

图 2.2-19　轴测图的形成

2.2.1　轴测图基本知识（微课视频）

画轴测图的过程相当于是将三面投影图还原为三维立体的过程。常用轴测图的类型包括正等测、斜二测等，除此，根据表达需要也有正二测、水平斜等测等。

2.2.2.1　正等轴测图的绘制

正等轴测图（简称正等测）的特点是表达三维向量方向的坐标轴相互成 120°，如图 2.2-20 所示。其中，Z 表示形体的高度方向、X 和 Y 表示形体的长或宽方向。

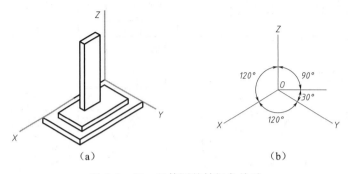

图 2.2-20　正等测的轴间角关系

正等测中表达空间三维向量的坐标轴绘制方法如图 2.2-21 所示，即先在竖直方向确定出表示形体的高度方向的轴测 Z 轴，再利用三角板、丁字尺等按三维向量方向相互成 120°关系绘制出表达形体长或宽方向的 X、Y 轴。

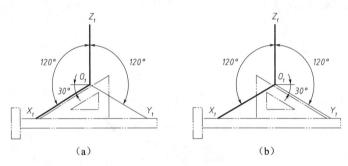

图 2.2-21　正等测的轴测轴绘制

画基本形体轴测图的方法主要采用坐标法，即按照轴测坐标值确定基本形体上各特征点的轴测投影并连线，从而得到基本形体的轴测图。叠加法、切割法均以坐标法为基础作图。绘制正等轴测图时，首先对形体的正投影图作初步分析，根据形体组合特点，可选择坐标法、叠加法、切割法等进行作图。遇到比较复杂的形体时，可以将坐标法、叠加法、切割法综合运用。

【例题 2-6】　如图 2.2-22 所示，根据长方体的三面投影图，绘制其空间形体的正等测。

采用坐标法绘制，分为两个步骤进行。

解答步骤一：先在三面投影图上建立投影坐标轴。一般选择右后下方作为投影原点，建立投影坐标，如图 2.2-22（a）所示。

解答步骤二：如图 2.2-22 所示。画轴测轴，在对应的轴测坐标内画出长方体底面的轴测图，然后从底面各角点树立高度，连接各点。最后，整理加深可见轮廓线。

【例题 2-7】　如图 2.2-23 所示，根据已知形体的三面投影图，绘制其空间形体的正等测。采用坐标法绘制，分为六个步骤进行。

解答步骤一：看懂三视图，想象房屋出模型形状。

解答步骤二：选定坐标轴，画出房屋的屋檐。一般将竖直方向作为高度方向。

解答步骤三：作下部的长方体。

解答步骤四：作四坡屋面的屋脊线的准确点位置。

解答步骤五：过屋脊线上的左、右端点分别向屋檐的左、右角点连线，即得四坡屋顶的四条斜脊的正等测，完成这个房屋模型正等测的全部可见轮廓线的作图。

解答步骤六：校核，清理图面，加深可见图线。

【例题 2-8】　如图 2.2-24 所示，根据三棱锥的三面投影图，绘制其空间形体的正等测。

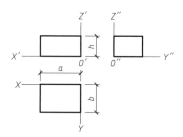

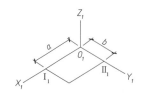

（a）在正投影图上定出原点　　　　（b）画轴测轴，在 O_1X_1 和 O_1Y_1 上分别量取 a 和 b，
和坐标轴的位置　　　　　　　　　　过 I_1、II_1 作 O_1X_1 和 O_1Y_1 的平行线，得长方
　　　　　　　　　　　　　　　　　体底面的轴测图

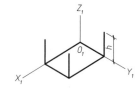

（c）过底面各角点作 O_1Z_1 轴的平行线，　　（d）连接各角点，擦去多余的线，并描深，即得
量取高度 h，得长方体顶面各角点　　　　长方体的正等测图，图中虚线可不必画出

图 2.2-22　坐标法绘制长方体正等轴测图的步骤方法

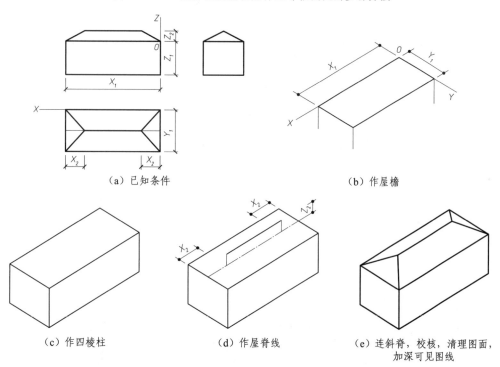

（a）已知条件　　　　　　　　　　　　（b）作屋檐

（c）作四棱柱　　　　　　（d）作屋脊线　　　　（e）连斜脊，校核，清理图面，
　　　　　　　　　　　　　　　　　　　　　　　加深可见图线

图 2.2-23　坐标法绘制四坡屋顶房屋模型的正等轴测图的步骤方法

采用坐标法绘制，分为两个步骤进行。

解答步骤一：为便于作轴测图，先在三面投影图上建立投影坐标轴，并注明各投影点。

解答步骤二：画轴测轴，依次在对应的轴测轴上截取对应的投影点 A、B、C，根据高度定出 S 点，然后连接各点。最后，整理加深可见轮廓线。

同时，为有利于有序作图，根据形体的投影图准确做出对应的正等测，在绘图过程中可将形体各投影点进行字母编号或数字编号处理。当用字母编号时，投影图中水平投影点用小写字母表示，正面投影点加撇表示如 a'、b'、c'，侧面投影点加双撇表示如 a''、b''、c'' 等，对应的轴测图空间点用大写英文字母。

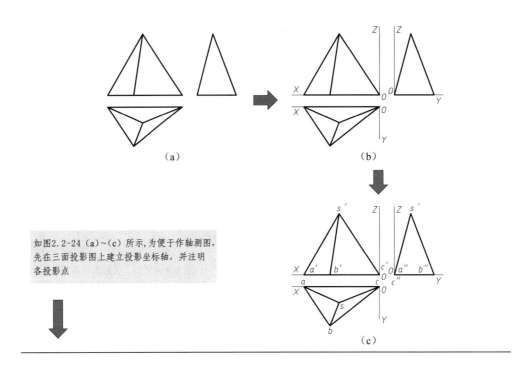

如图2.2-24（a）~（c）所示，为便于作轴测图，先在三面投影图上建立投影坐标轴，并注明各投影点

如图2.2-24（d）~（g）所示，画轴测轴，依次在对应的轴测轴上截取对应的投影点A、B、C，根据高度定出S点，然后连接各点。最后，整理加深可见轮廓线

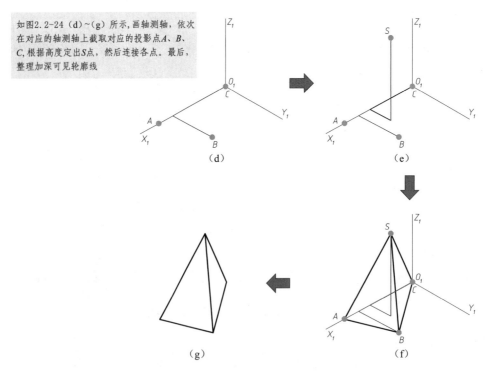

图 2.2 - 24　坐标法绘制三棱锥的正等轴测图步骤方法

【例题 2 - 9】　如图 2.2 - 25 所示，根据形体的三面投影图，绘制其空间形体的正等测。在坐标法基础上，采用叠加法从下向上依次绘制。

【例题 2 - 10】　如图 2.2 - 26 所示，根据形体的三面投影图，绘制其空间形体的正等测。在坐标法基础上，采用切割法绘制。

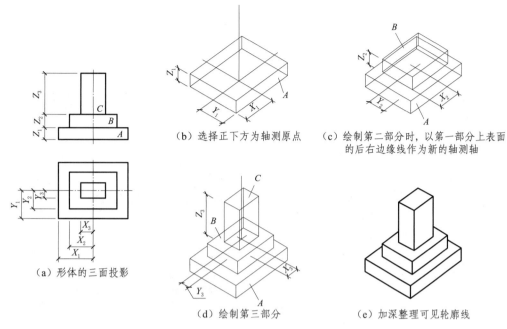

（a）形体的三面投影　（b）选择正下方为轴测原点　（c）绘制第二部分时，以第一部分上表面的后右边缘线作为新的轴测轴

（d）绘制第三部分　（e）加深整理可见轮廓线

图 2.2-25　采用叠加法从下向上依次绘制

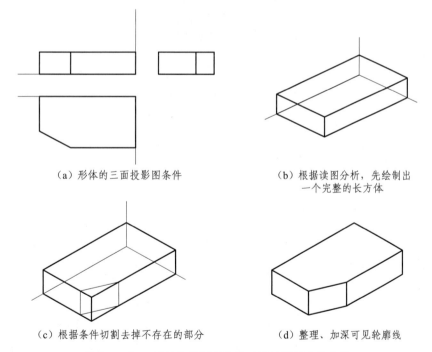

（a）形体的三面投影图条件　（b）根据读图分析，先绘制出一个完整的长方体

（c）根据条件切割去掉不存在的部分　（d）整理、加深可见轮廓线

图 2.2-26　切割法绘制形体的正等轴测图步骤方法

【例题 2-11】　如图 2.2-27 所示，根据形体的三面投影图，绘制其空间形体的正等测。在坐标法基础上，切割法、叠加法的混合运用绘制。叠加时从下向上依次绘制。

对于曲面体正等轴测图的绘制，作图关键是端圆的正等测绘制。对于不同位置的端圆，其对应的正等测虽都是椭圆，但呈现状态是不同的，如图 2.2-28 所示。

以水平圆的正等测绘制为例，如图 2.2-29 所示，先作辅助正方形对应的轴测图菱形，在此基础上，用四心椭圆法画法绘制出水平圆正等测。

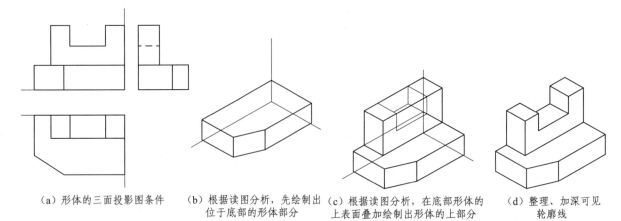

（a）形体的三面投影图条件　（b）根据读图分析，先绘制出　（c）根据读图分析，在底部形体的　（d）整理、加深可见
　　　　　　　　　　　　　　　　位于底部的形体部分　　　　　上表面叠加绘制出形体的上部分　　　　轮廓线

图 2.2-27　切割法、叠加法在复杂形体中的运用

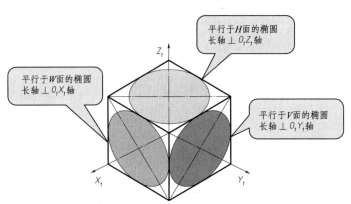

图 2.2-28　平行于各个坐标面的圆的正等轴测图

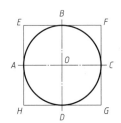

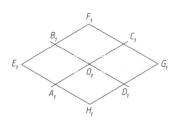

（a）在正投影图上定出原点和坐标轴　　　（b）画轴测轴及圆的外切正方形的正等测图
　　　位置，并作圆的外切正方形 EFGH

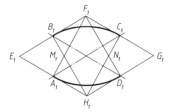

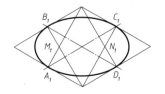

（c）连接 F_1A_1、F_1D_1、H_1B_1、H_1C_1，分别　　　（d）以 M_1 和 N_1 为圆心，M_1A_1 或 M_1C_1 为半径
　　　交于 M_1、N_1，以 F_1 和 H_1 为圆心，F_1A_1　　　　　作小圆弧 A_1B_1 和 C_1D_1，即得平行
　　　或 H_1C_1 为半径作大圆弧 B_1C_1 和 A_1D_1　　　　　于水平面的圆的正等测图

图 2.2-29　水平圆的正等轴测图绘制

在掌握不同端圆正等测绘制基础上，可以作简单的曲面立体正等测，也可以绘制出圆角的正等
测，进而作出带圆角的平板正等测，如图 2.2-30 和图 2.2-31 所示。

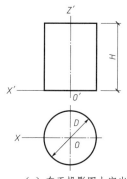
（a）在正投影图上定出
原点和坐标轴位置

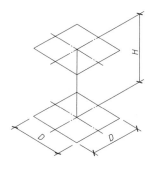
（b）根据圆柱的直径 D 和高 H，作
上下底圆外切正方形的轴测图

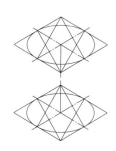
（c）用四心法画上下
底圆的轴测图

（d）作两椭圆公切线，擦去
多余线条并描深，即得
圆柱体的正等测图

图 2.2-30　圆柱的正等轴测图绘制

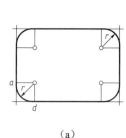
（a）

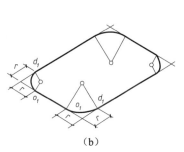
（b）

（c）在正投影图中定出原
点和坐标轴的位置

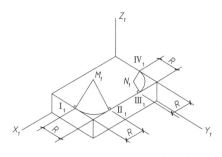
（d）先根据尺寸 a、b、h 作平板的轴测图，由角点沿
两边分别量取半径 R 得 I₁、II₁、III₁、IV₁ 点，过
各点作直线垂直于圆角的两边，以交点 M₁、N₁ 为
圆心，M₁I₁、N₁III₁ 为半径作圆弧

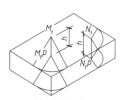
（e）过 M₁、N₁ 沿 O₁Z₁ 方向作直线
量取 M₁M₁P = N₁N₁P = h，以 M₁P、
N₁P 为圆心分别以 M₁I₁、N₁III₁
为半径作弧得底面圆弧

（f）作右边两圆弧切线，擦去多余
线条并描深，即得有圆角平板
的正等测图

图 2.2-31　平板圆角的正等轴测绘制

2.2.2　平面
正等测绘制
（微课视频）

2.2.3　回转体
正等测绘制
（微课视频）

【注意】　在正等测绘制过程中定位投影原点时，一般选择形体的右后下方作为投影原点详见
［例题 2-6］至［例题 2-11］，此时投影原点对应的空间位置是轴测原点；当投影图中是对称图形
时，则将投影原点选择在对称中心更方便作图，详见［例题 2-9］及圆柱的绘制。

2.2.2.2　斜二轴测图的绘制

斜二轴测图的绘制步骤方法与正等测大体相同，只是斜二测中表达空间三维向量的坐标轴轴间
角绘制与正等测不同，如图 2.2-32 所示。宽度尺寸取值为正投影宽度尺寸值的 0.5 倍。

同正等测表达相比，由于斜二测其中一个轴间角为 90°，因此，可直接利用正立面投影图或侧

立面投影图斜拉 45°方向线与 OY 轴平行作图，非常便捷，如图 2.2－33 所示。斜拉方向向左还是向右根据表达需要和高度变化状况。如图 2.2－34 所示，正面投影左高右低，高度有变化，此时选择向较低方向斜拉 45°方向线，如图 2.2－34 所示，（c）较（b）表达好。

当正立面投影图中出现圆或圆弧或其他曲线时，用斜二测可以快速绘制出实际圆或圆弧或其他曲线形状，和正等测作图相比更加方便，如图 2.2－35 和图 2.2－36 所示。

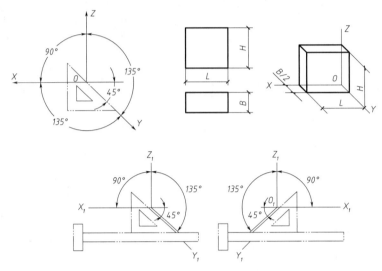

图 2.2－32　斜二测坐标轴绘制

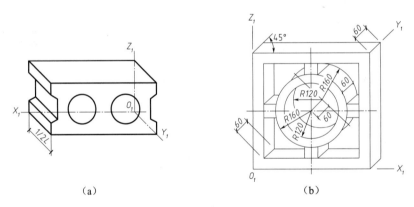

（a）　　　　　　　　　　　　　　　（b）

图 2.2－33　利用正面投影图斜拉 45°方向线作斜二轴测图

2.2.4　斜二
测绘制
（微课视频）

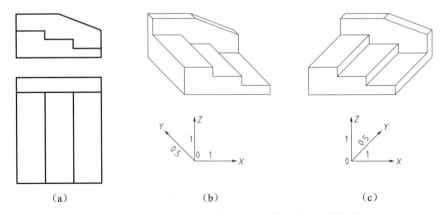

（a）　　　　　　　　　　　（b）　　　　　　　　　　　（c）

图 2.2－34　台阶的正面斜二测表达，斜拉 45°方向线选择对比

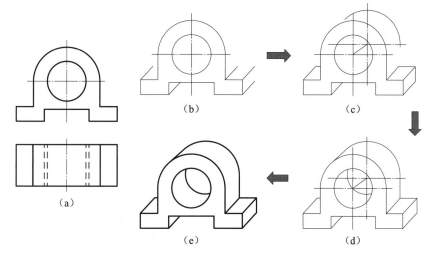

图 2.2 - 35　形体的正面斜二测表达绘制

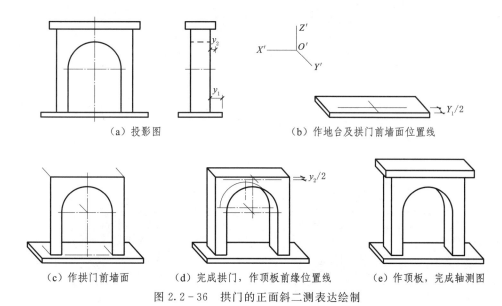

（a）投影图　　　　　　　　　（b）作地台及拱门前墙面位置线

（c）作拱门前墙面　　　（d）完成拱门，作顶板前缘位置线　　　（e）作顶板，完成轴测图

图 2.2 - 36　拱门的正面斜二测表达绘制

2.2.2.3　水平斜等轴测图的绘制

　　水平斜等轴测图是将水平投影图或工程平面图逆时针旋转30°后，在竖直方向截取对应高度得到的，如图 2.2 - 37 所示。水平斜等轴测常用于室内空间布置的展示、区域规划等，如图 2.2 - 38

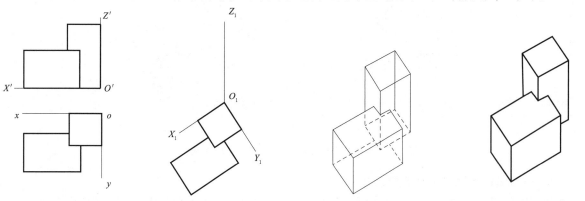

（a）形体的投影图条件　（b）将水平投影图逆时针旋转30°　（c）在各投影点竖直方向截取对应高度　（d）整理、加深可见轮廓线

图 2.2 - 37　水平斜等轴测表达绘制

和图 2.2 - 39 所示。

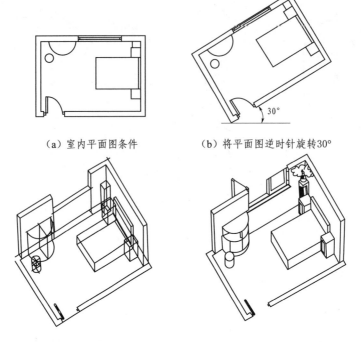

（a）室内平面图条件　　　（b）将平面图逆时针旋转30°

（c）整理、加深可见轮廓线　　　（d）进一步整理、加深可见轮廓线

图 2.2 - 38　水平斜等轴测表达室内空间布局

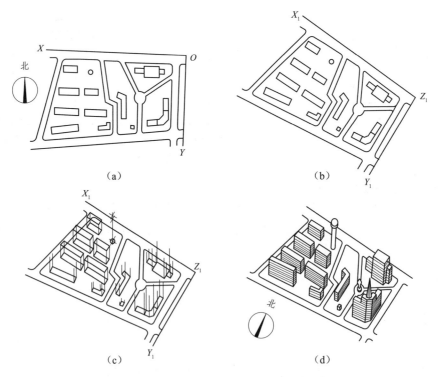

图 2.2 - 39　水平斜等轴测表达规划空间布局

2.2.2.4　轴测图的绘制要领及类型选用

画轴测图的过程相当于是将三面投影图还原为三维立体的过程。在轴测图的绘制过程中，需注意以下绘制要领：

（1）由于轴测图根据平行投影法原理绘制，因此在轴测图绘制中，利用平行投影的特点绘制会更有效，即空间形体上相互平行的线保持平行绘制；形体上平行于投影轴的直线，在轴测图绘制中要平行于相应的轴测轴绘制。

（2）在绘制过程中，根据表达需要，可以绘制成俯视或仰视的角度。如图 2.2 - 40 所示，轴测轴 OX、OY 的方向以及对应高度 OZ 方向不同，此时，与轴测轴相对应的俯视是从下向上依次向上绘制并向上截取高度，仰视是从楼板底面向上画出楼板厚度，向下绘制依次画出梁和柱向下截取高度。

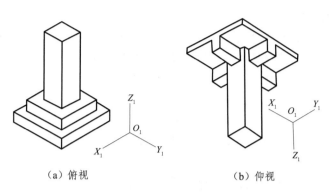

（a）俯视　　　　　　　（b）仰视

图 2.2 - 40　根据表达需要，选择俯视或仰视

（3）轴测图中不可见的线不加深或擦掉。

（4）必要的情况下，可以先用纸张折出或用其他模型表达自己想象的形体，再进行轴测图的绘制。

同时，根据表达需要，在选择轴测图类型时，在满足以下原则基础上，只要能够清楚表达形体的空间状况，方便于作图，不让人产生误解即可。

（1）图形要完整清晰、尽量避免形体被遮挡，如图 2.2 - 41 所示，（b）较（a）表达好。

（2）图形要富有立体感，如图 2.2 - 42 所示，遇到端面有正方形时的形体表达，斜二测比正等测表达更富有立体感。

（3）作图简便，如图 2.2 - 43 所示，当正立面投影图中出现圆或圆弧或其他曲线时，用斜二测更加方便。

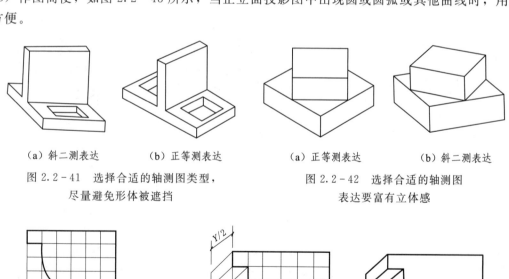

（a）斜二测表达　　（b）正等测表达

图 2.2 - 41　选择合适的轴测图类型，
尽量避免形体被遮挡

（a）正等测表达　　（b）斜二测表达

图 2.2 - 42　选择合适的轴测图
表达要富有立体感

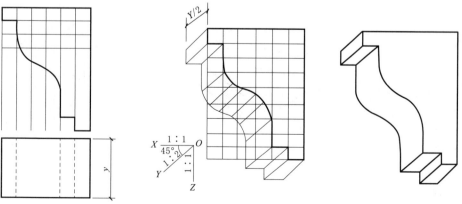

图 2.2 - 43　选择作图方便且合适的斜二轴测图表达顶棚石膏线线脚

目标要求

1. 理解建筑图样的投影作图原理及投影关系。
2. 掌握形体投影图的绘制步骤和方法。
3. 具有将三维立体转化为二维平面的图示表达能力。
4. 具有将二维平面和三维立体相互转化的空间想象力。
5. 掌握轴测图的基本绘制方法，具有形体的空间表达能力。
6. 掌握复杂形体投影图的识读方法，为建筑图纸识读奠定基础。

2.1 三面投影图绘制练习

【任务内容与要求】 ①观察并测量生活中的某些用品，如六棱柱状的螺丝、茶杯、篮球、书本等，并尝试绘制其三面投影图。比例自定，不少于三种生活用品；②观察生活中某些家具设施形体（如桌子、椅子、床、衣柜等），并尝试绘制其三面投影图。比例自定，至少一种家具设施形体；③请根据给定的 8 个形体绘制其三面投影图。形体如图技训 2.1−1 所示。需满足以下要求：

（1）投影线符合三等关系，体现作图过程。

（2）选择合理的正面投影方向，三面投影图位置关系正确。

（3）图线粗细表达合理，投影线用粗线表达，作图辅助线用细实线表达，被遮挡的投影线用粗虚线表达。

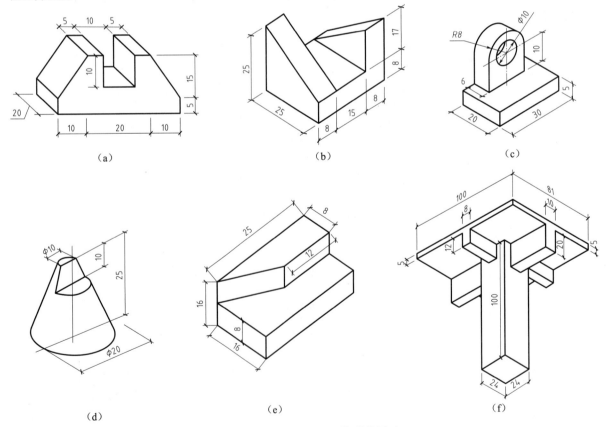

图技训 2.1−1（一）　三维形体图示

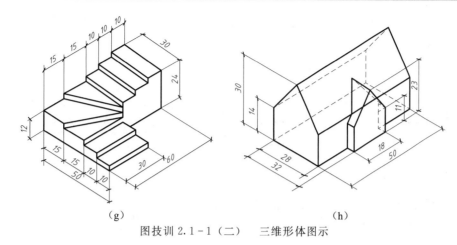

（g）　　　　　　　　　　　　　　　（h）

图技训 2.1-1（二）　三维形体图示

（4）画在一张 A3 图幅中，画图比例自定，布图均匀合理无须尺寸标注。

【技能指导】

（1）形体高度方向不变的情况下，一般将较大的尺寸作为形体的长度，较小的尺寸作为形体的宽度，此时，假想人面对形体长度时的方向即为形体的正面投影方向。

（2）合理均匀在 A3 上布图。

（3）形体三面投影的位置及图线粗细虚实等如图技训 2.1-2 所示参考绘制。

【三面投影图绘制练习评判标准】　主要从以下 5 个方面评判：

（1）比例是否合适，布图是否合理美观。

（2）三面投影图的位置是否正确合理。

（3）投影线是否符合三面投影"长对正、宽相等、高平齐"三等关系，且投影线完整、准确、无遗漏。

（4）投影线与辅助线是否区分合理、清晰，投影线虚实运用是否合理。

（5）图面是否整洁，作图迅速。

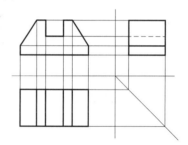

图技训 2.1-2　三面投影图绘制举例

2.2　轴测图绘制练习

【任务内容与要求】　①请根据图技训 2.2-1 中（a）～（d）所示的两面投影图，想象其对应的空间形体，并绘制其对应的正等测。提示：答案不唯一。

②请根据图技训 2.2-2 所示的三面投影图，想象其对应的空间形体，并绘制其对应的正等测。

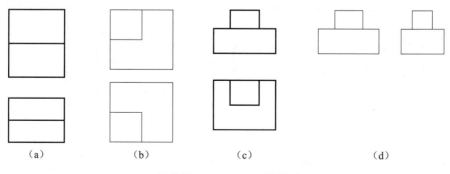

（a）　　　　　　（b）　　　　　　（c）　　　　　　（d）

图技训 2.2-1　两面投影图

要求：体现作图过程，轴测图可见轮廓线用粗线表达，作图过程中的辅助线等用细线表达。尺寸可根据图示量取，比例自定。

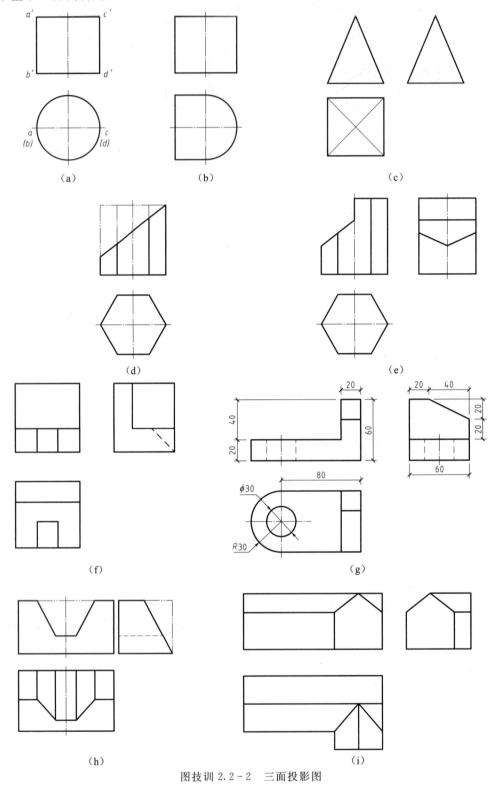

图技训 2.2－2　三面投影图

③请根据图技训 2.2－3 所示的两面投影图，想象其对应的空间形体，并绘制其对应的斜二测。

要求：体现作图过程，轴测图可见轮廓线用粗线表达，作图过程中的辅助线等用细线表达。尺寸可根据图示量取，比例自定。

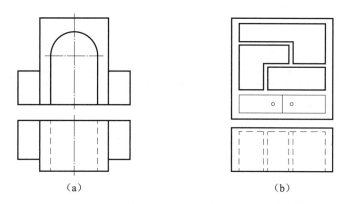

（a）　　　　　　　　　　（b）

图技训 2.2 - 3　两面投影图

④请根据图技训 2.2 - 4 所示投影图，做其空间形体模型，并绘制其对应的轴测图。轴测图类型自选。

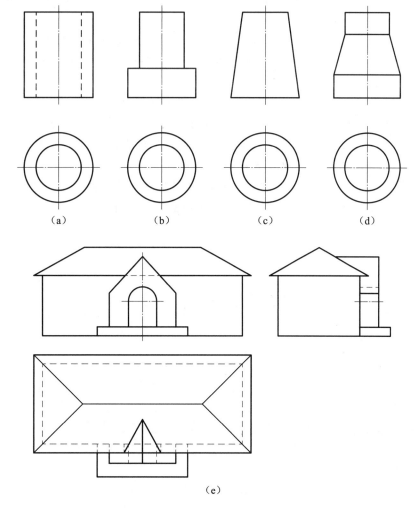

（a）　　　（b）　　　（c）　　　（d）

（e）

图技训 2.2 - 4（一）　三面投影图

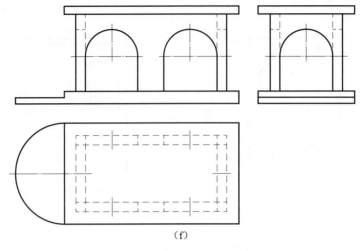

（f）

图技训 2.2-4（二）　三面投影图

【技能指导】

（1）绘制轴测图时，先画成一条竖直线作为三维坐标轴 Z 轴，代表形体高度方向。X 轴和 Y 轴根据轴测图类型和轴间角确定位置。

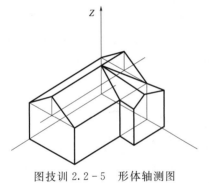

图技训 2.2-5　形体轴测图

（2）一般情况下形体长度沿着 X 轴方向布置。

（3）形体轴测图的图线粗细表达如图技训 2.2-5 所示参考绘制。

【轴测图绘制练习评判标准】　主要从以下 4 个方面评判：

（1）是否能按照三面投影信息正确想象并表达空间图样。

（2）轴测立体图是否正确合理，轴测图线是否完整、准确、无遗漏。

（3）轴测线与辅助线区分是否合理、清晰。

（4）图面是否整洁，作图迅速。

单元3　建筑施工图的识读与绘制

学习导图

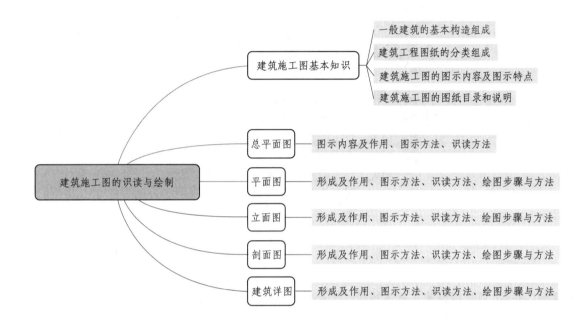

知识与技能

3.1　建筑施工图基本知识

3.1.1　一般建筑的基本构造组成

房屋建筑按使用功能可以分为以下三类：

（1）民用建筑：如住宅、宿舍等，称为居住建筑；如学校、医院、车站、旅馆、剧院等，称为公共建筑。

（2）工业建筑：如厂房、仓库、动力站等。

（3）农业建筑：如粮仓、饲养场、拖拉机站等。

对于民用建筑来说，虽在使用要求、空间组合、外形处理、结构形式、规模大小等方面各不相同，但基本构造组成是相同的，即由基础、墙或柱、楼地层、屋顶、楼梯、门和窗等六大部分组成。此外，根据建筑功能不同，还有阳台、雨篷、台阶、窗台、雨水管、明沟、散水、勒脚、遮阳以及其他的一些构配件等，如图3.1-1所示。

民用建筑按结构形式可划分为：墙承重（砖木结构、**砖混结构**、混凝土结构）、**框架结构**、**剪**

81

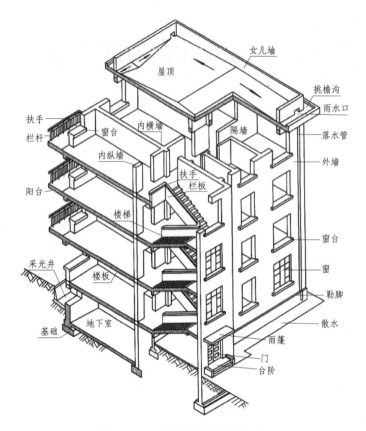

图 3.1-1　房屋的基本构造组成

力墙结构、框架-剪力墙结构、简体结构、大跨结构等。常见的有砖混结构和框架结构，如图 3.1-2 所示。

- 砖混结构的建筑中，竖直方向承重为墙体，水平方向承重为钢筋混凝土楼板。除此之外，为加强砖混结构建筑的整体性、抗震性，根据房屋层数不同和当地抗震设防烈度要求，在对应位置会设置有构造柱和圈梁等构件。其中，竖直方向的构造柱截面尺寸与墙体厚度一致，最小截面尺寸为 240mm×180mm，是不承重的；沿着建筑外墙四周及部分内墙的水平方向设置的连续闭合的圈梁，与构造柱一起形成骨架。砖混结构的空间往往较小，如低多层的住宅、宿舍、医院等。
- 框架结构的建筑中，竖直方向承重为柱子，水平方向承重为梁和钢筋混凝土楼板。在框架结构中墙体只是起围护分隔作用，是不承重的。框架结构的建筑空间划分比较灵活，容易满足建筑的大空间要求和多功能要求，如教学楼、商场、车站等。
- 剪力墙结构是用钢筋混凝土墙板来承受竖向和水平力的结构，能承担各类荷载引起的内力，并能有效控制结构的水平力在高层房屋中被大量运用。
- 框架-剪力墙结构是在框架结构中设置适当的剪力墙结构，具有框架结构平面的布置灵活、有较大空间的优点，又具有侧向刚度较大的优点。此时，剪力墙主要承受水平荷载，竖向荷载由框架承担。
- 简体结构是指将剪力墙或密柱框架集中到房屋的内部和外围而形成空间封闭式的简体，由一个或多个简体作承重结构的体系。其特点是剪力墙集中而获得较大的自由分割空间，多用于层数较多的高层建筑、超高层建筑等。

• 大跨结构是指竖向承重结构为柱和墙体，屋盖用钢网架、悬索结构或混凝土薄壳、膜结构等的结构。这类建筑空间中没有柱子，而是通过网架等空间结构把荷重传到房屋四周的墙、柱上去，适用于体育馆、航空港、火车站等公共建筑。

（a）砖混结构　　　　　　　　（b）框架结构

图 3.1-2　常见的建筑结构形式

3.1.2　建筑工程图纸的分类组成

房屋施工图是建造房屋的重要技术依据，是直接用来为施工服务的图样。

在房屋建造阶段，一套完整的房屋施工图通常包括建筑施工图、结构施工图和设备施工图（简称"建施""结施"和"设施"）。而设备施工图则按需要又有给水排水施工图、采暖通风施工图、电气施工图等（简称"水施""暖施""电施"）。房屋主体建造竣工后，装饰施工图是进行建筑装修施工的依据，如表 3.1-1 所示。

表 3.1-1　　　　　　　　　　　　　　房屋施工图的组成

图纸类型		主要内容	图纸名称
建筑施工图 派生↓ 装饰施工图		表示建筑物的总体布局、外部造型、内部功能及布置，建筑的细部构造、固定设施，一般常规装修及施工要求等	设计说明、建筑总平面图、建筑（各层）平面图、建筑（外观）立面图、建筑剖面图和建筑详图
		表示建筑室内外环境空间的装饰造型、内部装饰布置、装饰面和装饰件的形状与构造，以及它们与主体建筑相互关系、施工要求等	装饰平面布置图、楼地面铺装图（根据需要）、顶棚（天花）平面图、室内各向立面图（含墙柱装修立面图）、装饰详图
结构施工图		表示建筑物承重结构的布置、构件类型、材料、尺寸和构造作法等	结构设计说明、基础图、结构布置平面图和各构件详图
设备施工图	给排水施工图	表示给排水管道的布置和走向、构件做法及安装要求	给排水平面布置图、管道系统图、管道配件及安装详图等
	暖通施工图	表示暖气、通风管道的布置及安装要求	采暖系统图、采暖详图
	电气施工图	表示电气设备线路的布置和走向及安装要求	电气平面图、电气系统图

3.1.3　建筑施工图的图示内容及图示特点

建筑施工图的图示内容及编排顺序一般为：图纸目录、设计说明、总平面图、建筑平面图、建筑立面图、建筑剖面图、建筑详图。

由于建筑形体较大，建筑施工图一般采用缩小比例绘制。建筑施工图中的图线、图例、符号、尺寸、比例等都遵循国家建筑制图标准规定绘制，且采用正投影法绘制。

3.1.4　建筑施工图的图纸目录和说明

3.1.4.1　图纸目录

图纸目录常以表格形式表达出图纸的类别、图号、图名、图幅大小等信息；如采用标准图，在目录中应注写出所使用标准图的名称、所在的标准图集和图号或页次，如表 3.1-2 所示。

表 3.1-2   图 纸 目 录

序号	图 号	图 纸 名 称	图幅	备 注
1	建施-01a	建筑设计说明（一）	A2	
2	建施-01b	建筑设计说明（二）	A2	
3	建施-02	总平面图	A2	
4	建施-03	一层平面图	A2	
5	建施-04	二层平面图	A2	
6	建施-05	屋面平面图	A2	
7	建施-06	南立面图	A2	
8	建施-07	北立面图	A2	
9	建施-08	东立面图	A2	
10	建施-09	西立面图	A2	
11	建施-10	1—1 剖面图	A2	
12	建施-11	楼梯详图	A2	
13	建施-12	厨房、厕所详图	A2	
14	建施-13	墙身大样（一）	A2	
15	建施-14	墙身大样（二）	A2	
16	建施-15	门窗表、门窗详图	A2	

编制图纸目录的目的是便于查找所需要的图纸内容。因此，图纸目录在整套图纸中的位置是紧随在图纸封皮后面的，可以独立为一张图纸，也可以和建筑设计说明共用一张图纸。在图纸空间仍有余的情况下，还可以将门窗统计表与图纸目录放在同一张图纸上。在使用图纸目录查找图纸过程中，利用图纸目录图纸名称、图号信息与各图纸标题栏信息的配合使用，可以让我们迅速查找到我们所需要的图纸内容。

3.1.4.2 设计说明

建筑设计说明是建筑图纸的必要补充。主要包括以下内容：

（1）工程概况。如工程地理位置、结构类型、主要技术经济指标面积等。

（2）设计依据。依据性文件名称和文号、主要法规、所采用的主要标准、设计合同等。

（3）设计标高。工程的相对标高与总平面图绝对标高的关系。

（4）施工用料。墙体做法、楼地层做法、屋顶做法等。

（5）建筑防火设计说明、无障碍设计说明、节能设计说明。

（6）注意事项及其他需要说明的问题。

建筑施工设计说明具体内容如图 3.1-3 所示，文字可以按行打格显示或不打格显示。

3.2 总平面图

3.2.1 总平面图的图示内容及作用

建筑总平面图是新建房屋在基地范围内的总体布置图。主要表示新建房屋的平面轮廓形状、层数、与原建筑物的相对位置、周围环境、地形地貌、道路和绿化情况，如图 3.2-1 所示。

一、工程概况

1.	工程名称：	徐州×××地块
2.	建设地址：	徐州市云龙区、×路交叉口东南
3.	建设单位：	徐州市×置业有限公司
4.	建筑功能：	地上为住宅，地下为储藏间
5.	建筑层数：	地上 5 层，地下 1 层
6.	建筑高度：	16.15m（室外地坪至主体女儿墙的建筑高度）
7.	建筑防火分类：	地上二级，地下二级
	建筑耐火等级：	地下一级，地上二级
8.	建筑面积：	地上建筑面积/m² 2064.71
		地下建筑面积/m² 449.92
		总建筑面积/m² 2514.63
9.	建筑防水等级：	屋面为Ⅰ级；地下室种植顶板和配电房等用房防水等级为一级，其他为二级。
10.	抗震设防烈度：	抗震设防烈度为 7 度
11.	设计使用年限：	主体结构设计使用年限为50年

主要结构类型：剪力墙结构
基础形式：筏板基础

二、设计依据

1. 建设用地规划许可证、规划部门审批通过的小区详细规划图。
2. 《江苏省城市规划管理技术规定》（2011年版）。
3. 设计合同、设计任务委托书及建设单位提供的相关要求。
4. 现有地形图及勘察报告资料。
5. 现行有关国家设计规范、法规、规程、规定、标准和措施，主要规范包括但不限于：

《建筑工程设计文件编制深度规定》（2016年）
《建筑设计防火规范》GB 50016—2014（2018版）
《建筑内部装修设计防火规范》GB 50222—2017
《建筑防烟排烟系统技术标准》GB 51251—2017
《住宅设计规范》GB 50096—2011
《住宅建筑规范》GB 50368—2005
《无障碍设计规范》GB 50763—2012
《民用建筑绿色设计规范》JGJ/T 229—2010
《绿色建筑评价标准》GB/T 50378—2019
《民用建筑设计统一标准》GB 50352—2019
《民用建筑热工设计规范》GB 50176—2016
《屋面工程技术规范》GB 50345—2012
《建筑地面设计规范》GB 50037—2013
《地下工程防水技术规范》GB 50108—2008
《江苏省住宅设计标准》DGJ32/J 26—2017
《居住建筑标准化外窗系统应用技术规程》DGJ32/J 157—2017
《江苏省住宅建筑热环境和节能设计标准》DGJ32/J 71—2014
《江苏省工程建设质量通病控制标准》DGJ32/J 16—2014
（未尽事宜，应按国家现行有关规范、规定及地方规程等相关要求执行）

三、设计标高及尺寸单位

1. 本工程设计标高±0.000m，相当于85高程 33.80m，室外地坪标高 33.60m。
2. 本施工图所注尺寸除标高、坐标及总平面图以米为单位外，其他尺寸均以毫米为单位。
3. 各层标注的标高为建筑完成面楼板面的标高，屋面标注的标高为结构标高。
4. 楼地面完成面H与结构面的关系：

功能名称	客厅、餐厅、H	厨房、阳台	卫生间
建筑完成面标高	H	H−0.020	H−0.020
功能名称	卧室、衣帽间		
结构完成面标高	H−0.100	H−0.130	H−0.150；H−0.350；H−0.400
功能名称	电梯厅、公区走道（不铺设管道）	水井 电井	公共楼梯间、前室
建筑完成面标高	电梯厅、公区走道 H−0.020	水井 H−0.080	电梯厅、公区走道 H−0.020
结构完成面标高	H−0.070	电井 H−0.100	H−0.070

此降板标注如与结构施工图不一致请及时联系设计人员。

四、总图关系与建筑定位

1. 周边环境及道路情况：该项目位于徐州市，本项目位于×××西南。
2. 后退用地（道路）红线根据规划设计有关要求执行，具体详见总平面图。
3. 用地主要出入口：
   项目小区入口位置详见总平面图。
4. 场地内交通组织及竖向设计详见总平面图。道路、轴线根据设计方有关部门认可后方可施工。
5. 建筑定位：（1）红线坐标以轴线及坐标为准（不少于三个点），并应复核所有对控制尺寸及定位图的控制尺寸关系。
   （2）工程施工放线以总平面图、用地状况及道路红线坐标、室外前地坪标高，施工前复核坐标，注意与城市现有各种管线的位置关系，征得已有城市相关部门认可后方可施工。
   （3）总平面图与总平定位图，只作为定位图，道路、护坡、挡土墙、绿化对现有城市管线。
6. 施工场地安排由施工单位负责，施工放线定位应注意安全专业间配合，灌溉及建筑物的位置布置，管道综合布置。道路、护坡、挡土墙、广场、绿化另详总平面图。
   的坐标。
7. 本次总平面图与总平定位图，只作为建筑定位图，道路详见另详总平面施工图。
   放线南请与规划局公示图纸或现有图纸规划楼房，不得从自身上度。
8. 本图中所涉及的尺寸以图纸上所注尺寸为准，不得从图纸上度量。

五、建筑主要用材及构造要求

（一）墙体工程
1. 墙体的基础部分，承重的钢筋混凝土墙柱详见详图结构图。
2. 填充墙体材料：地下室填用200厚煤矸石烧结多孔砖。
   地上非承重外墙采用100或200厚煤矸石烧结多孔砖；地下非承重外墙采用200厚煤矸石烧结多孔砖；
   其余均为200厚煤矸石烧结多孔砖。地上预制墙均为200mm预制墙为，卫生间、电梯井、水电为200mm预制多孔砖，地下预制板均100mm预制石烧结多孔砖。
3. 地上部分墙体为PC非不一致的地方，以PC墙做墙体为准。PC墙位置详见墙体设计图纸，板缝位置详见装配式施工图纸，材料详见墙体设计配置说明，砌体墙的砌筑用料配套的砌筑砂浆和床用砂浆。
   墙体非预制及PC非不一致的地方，构造、构造、砂浆等要求详见墙体设计说明；砌体墙应采用的砌筑砂浆和抹面砂浆。

图 3.1−3 建筑施工设计说明

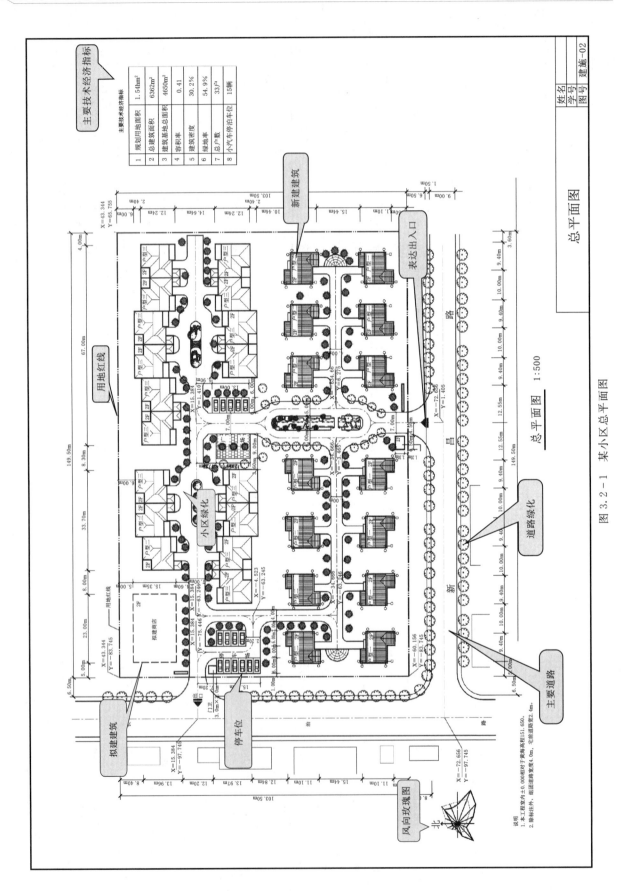

图 3.2-1 某小区总平面图

建筑总平面图是新建房屋及其他设施的施工定位、土方施工、布置施工现场以及水、电、暖、煤气管道等总平面图的设计依据，也是评价建筑合理性程度的重要依据之一。通常将总平面图放在整套施工图图纸的首页。

3.2.2　总平面图的图示方法

建筑总平面图一般采用 1∶500、1∶1000、1∶2000 的比例，利用正投影原理作水平投影的方法绘制，主要是以《总图制图标准》（GB/T 50103—2010）中的图例形式表示新建、原有、拟建的建筑物，附近的地物环境、交通和绿化布置等。

总平面图常用图例见表 3.2-1。若《总图制图标准》中的图例不够使用，可另行使用图例，但需说明图例代表的名称。

表 3.2-1　　　　　　　　　　　总平面图常用图例

名　称	图　例	备　注
新建建筑物	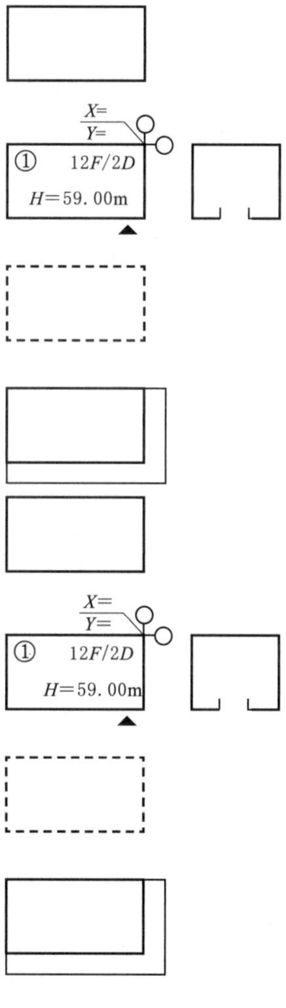	新建建筑物以粗实线表示与室外地坪相接处±0.00 外墙定位轮廓线； 建筑物一般以±0.00 高度处的外墙定位轴线交叉点坐标定位。轴线用细实线表示，并标明轴线号； 根据不同设计阶段标注建筑编号，地上、地下层数，建筑高度，建筑出入口位置（两种表示方法均可，但同一图纸采用一种表示方法）； 地下建筑物以粗虚线表示其轮廓； 建筑上部（±0.00 以上）外挑建筑用细实线表示
原有建筑物	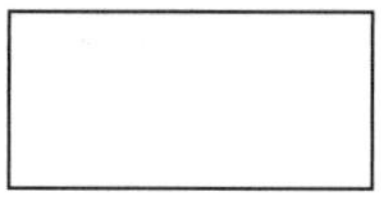	用细实线表示
计划扩建的预留地或建筑物		用中粗虚线表示

续表

名　称	图　例	备　注
拆除的建筑物		用细实线表示
室内地坪标高	$\boxed{\underset{\triangledown(\pm0.00)}{151.00}}$	数字平行于建筑物书写
室外地坪标高	▼　143.00	室外标高也可采用等高线
围墙及大门		
挡土墙	5.00 1.50	挡土墙根据不同设计阶段的需要标注$\dfrac{墙顶标高}{墙底标高}$
坐标	1. $X=105.00$ $Y=425.00$ 2. $A=105.00$ $B=425.00$	1. 表示地形测量坐标系； 2. 表示自设坐标系； 坐标数字平行于建筑标注
填挖边坡		
新建道路	$R=6.00$ 0.30% 100.00 107.50	"$R=6.00$"表示道路转弯半径；"107.50"为道路中心线交叉点设计标高，两种表示方式均可，同一图纸采用一种方式表示；"100.00"为变坡点之间距离，"0.30%"表示道路坡度，→表示坡向
原有道路		
计划扩建的道路		
拆除的道路		
人行道路		
桥梁	（a） （b）	用于旱桥时应注明；图（a）为公路桥，图（b）为铁路桥

名　称	图　例	备　注
铺砌场地		
敞篷或敞廊		
常绿针叶乔木		
落叶针叶乔木		
常绿阔叶乔木		
落叶阔叶乔木		
常绿阔叶灌木		
落叶阔叶灌木		
落叶阔叶乔木林		
常绿阔叶乔木林		
常绿针叶乔木林		
落叶针叶乔木林		

3.2.3　建筑总平面图的识读

3.2.3.1　总平面图的读图步骤和方法

（1）看图名、比例、图例及有关的文字说明。

（2）了解新建建筑的名称、所处位置、平面轮廓形状、朝向、层数、主入口、标高、面积等。如图 3.2-2 所示，新建建筑物轮廓用粗实线表示，轮廓线内部右上角用圆黑点数量或者数字表示新建建筑物的层数。

以点表示层数（4层）

以数字表示层数（16层）

图 3.2-2　总平面中新建建筑物的轮廓、层数表达

（3）了解新建建筑与已建、拟建建筑之间的相对位置。

（4）新建建筑周围的道路、绿化情况。

（5）了解工程的性质、用地范围和地形地貌等情况。

（6）了解周围环境情况、室内外**高程**等。

（7）其他相关经济技术指标，如**用地面积**、**占地面积**、**总建筑面积**、**建筑容积率**、**绿化率**、**建筑密度**等。这些指标一般在总平面图的空白处标明或列表格统计，是建筑报审时必要的数据资料，若在总平面图中未出现，则可到建筑设计说明中查找。

- 高程是指某点沿铅垂线方向到绝对基面的距离。在建筑设计说明和总平面图中应特别说明本工程 ±0.000m 标高相当于黄海高程的高差，例如："本工程 ±0.000m 相对于绝对标高为 36.55m"。即 ±0.000m 是相对于工程项目的相对标高，它对应黄海平均海平面高 36.55m。
- 用地面积主要是指建设单位为了建设项目，向政府申请建设项目所需要的土地，政府收到申请之后，会委托测绘和规划部门对所申请的土地进行规划和测绘，然后绘制红线图，这个红线图就是指这个项目的用地面积，项目的用地面积包括建设项目所需的土地，也包括为项目服务的公共配套面积，比如项目外的交通道路、水电管网等公共配套所需的用地面积。用地面积大于占地面积。
- 占地面积主要是指建设单位投资兴建的建设项目底层建筑所占用的用地面积。
- 总建筑面积是指在建设用地范围内单栋或多栋建筑物地面以上及地面以下各层建筑面积之总和，包含使用面积和公摊面积。建筑面积按照《民用建筑通用规范》（GB/T 55031—2022）的规定计算。
- 建筑容积率是指地上总建筑面积与规划用地面积的比率，如总用地面积 10 万 m^2，总建筑面积 8 万 m^2，容积率为 0.8；总用地面积 10 万 m^2，总建筑面积 10 万 m^2，容积率为 1；总用地面积 10 万 m^2，总建筑面积 15 万 m^2，容积率为 1.5 等。在建筑层数相同的情况下，容积率越小，居住密度越小，相对舒服。容积率越大则相反。容积率一般是由政府规定。现行城市规划法规体系下编制的各类居住用地的控制性详细规划，一般而言，容积率分为：独立别墅为 0.2～0.5，联排别墅为 0.4～0.7，6 层以下多层住宅为 0.8～1.2，11 层小高层住宅为 1.5～2.0，18 层高层住宅为 1.8～2.5，19 层以上住宅为 2.4～4.5。
- 绿化率是指项目规划建设用地范围内的绿化面积与规划建设用地面积之比。注意绿化率与绿地率的不同，比如一棵树的影子很大，但它的占地面积是很小的，两者的具体技术指标是不相同的。
- 建筑密度是指建筑物的基底面积总和与规划建设用地面积之间的比例。如一块地为 $10000m^2$，其中建筑底层面积 $3000m^2$，这块用地的建筑密度就是 $3000/10000 = 30\%$。建筑密度一般不会超过 $40\%～50\%$，用地中还需要留出部分面积用作道路、绿化、广场、停车场等。

3.2.3.2　总平面图识读要领与注意事项

（1）熟悉总平面图图例是正确识读及绘制总平面图的重要前提。

（2）认识并理解总平面图中的两个相关符号：风向玫瑰图符号和标高符号。

1）风向玫瑰图符号。如图 3.2-3 所示，"风玫瑰"又称风向频率玫瑰图，它是根据某一地区多年平均统计的各个方风向和风速的百分数值，并按一定比例绘制，一般多用八个或十六个罗盘方位表示，风玫瑰图上所表示风的吹向（即风的来向），是指从外面吹向地区中心的方向。实线表示全年的风向频率，虚线表示 6 月、7 月、8 月三个月（夏季）统计的风向频率。在风玫瑰图中，频率最高的方位，表示该风向出现次数最多。由风玫瑰图可以解读出新建、拟建、已建建筑等的位置、朝向等。

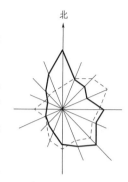

图 3.2-3　风玫瑰图

由于各地气候差异，因此各地建筑的总平面图中风玫瑰图不尽相同，如图 3.2-4 所示。在进行平面布局设计等工作时，可以根据风玫瑰图判断常年主要风向作为设计依据。

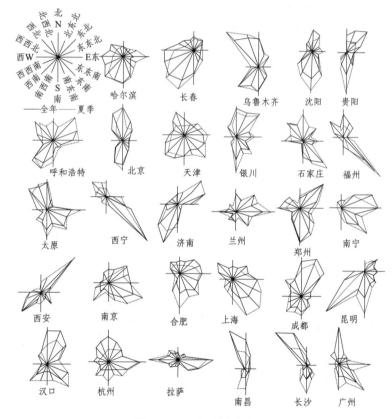

图 3.2-4　各地风玫瑰图

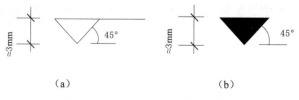

（a）　　　　　　　　　　（b）

图 3.2-5　总平面图中的标高符号

2）标高符号。标高是标注建筑物在高度方向的一种尺寸形式。标高符号以等腰直角三角形表示，通常按图 3.2-5（a）所示形式用细实线绘制。对于总平面图中的室外地坪标高符号，宜用涂黑的等腰直角三角形表示，如图 3.2-5（b）所示。

标高注写的数字单位为"米"。总平面图图中标注的标高为**绝对标高**，标到小数点后两位。除了总平面图，后续遇到的其他图纸中的标高均是**相对标高**，且标到小数点后三位。

> • 绝对标高，又称海拔高度，我国是以青岛附近黄海平均海平面为零点标高，全国各地的标高均以此为基准。零点标高标注为±0.00的标高，比此平面高的为正，正号"＋"省略不注写，比此平面低的带负号"—"。
> • 相对标高是以某建筑物底层室内地坪为零点±0.000的标高。零点标高正负号"±"不可省略，比零点标高高的标注数字前正号"＋"可省略，比零点标高低的标注数字前负号"—"不可省略。

总平面图中室内地坪标高和室外地坪标高注写形式可表示为：

$$\begin{array}{c} \underline{151.00} \\ \nabla (\pm 0.00) \end{array}$$

室内标注的绝对标高与相对标高的换算关系一般会在建筑设计说明中注写。

（3）总平面图中的坐标、标高、距离以米为单位。坐标以小数点后三位标注；标高、距离以小数点后两位数标注；道路纵坡度、场地平整坡度、排水沟沟底纵坡度宜以百分计，并取小数点后一位。

（4）了解总平面图中涉及的用地红线、建筑红线、道路红线等三个红线概念及关系，如图 3.2－6 所示。三个红线的关系如下：

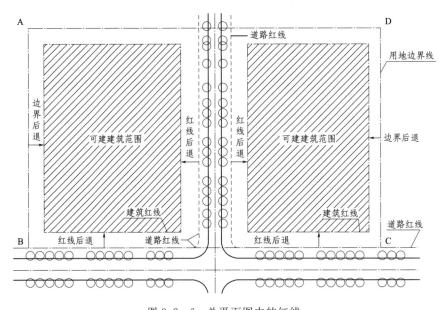

图 3.2－6　总平面图中的红线

1）基地内如有上述不同的三条线，那么由道路中心至基地的顺序基本上为：**道路红线、用地红线、建筑红线**。

2）基地应与道路红线相邻接。也就是说，基地某一边的某一部分一定有道路红线。

3）道路红线与用地红线常有可能重合，也可能是不同的规划边线。这两条线之间的用地由城市规划部门确定，它属于城市用地，建设单位不得占用。建筑的任何突出物均不得突出用地红线。

4）各地城市规划行政主管部门常在用地红线范围之内另行划定建筑红线（建筑控制线），以控制建筑物的基底不超出建筑控制线。两条线之间的用地建设单位可以作为地面停车、绿化等功能使用。地下建筑可以越过建筑红线，但万万不能超出用地红线。

（5）注意"说明或备注"的阅读。

- 道路红线是规划的城市道路（含居住区级道路）用地的边界线。
- 用地红线是各类建筑工程项目用地的使用权属范围的边界线，又称地产线、征地线。
- 建筑红线又称为建筑控制线，有关法规或详细规划确定的建筑物、构筑物的基底位置不得超出的界线，即可建造建筑物的范围。由于城市规划要求，在用地红线内需要道路红线后退一定距离确定建筑控制线，称为红线后退。

3.3　建筑平面图的识读与绘制

建筑平面图是表达房屋建筑的**三大基本图样**图纸之一。

三大基本图样指一幢建筑的建筑平面图、建筑立面图、建筑剖面图。

3.3.1　建筑平面图形成（音频）

3.3.1　建筑平面图的形成、命名及作用

为将建筑内部各房间状况表达清楚，如图 3.3-1 所示。建筑平面图是用一个假想水平剖切面在窗台之上（可假设在本层距离楼地面 1.2m 左右之间）水平剖开整幢房屋后，移去处于水平剖切面的上半部分，将剩余的下半部分按俯视方向向下投射在水平投影面上作正投影所得到的图样。

屋顶平面图是直接利用正投影法从上向下投射得到。

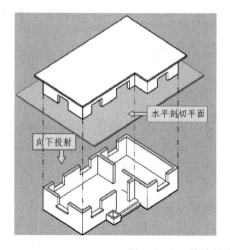
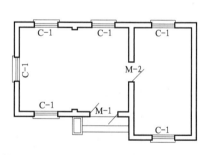

图 3.3-1　某单层建筑平面图的形成

建筑平面图通常以层次来命名，如地下室平面图、底层平面图、二层平面图、三层平面图、…、顶层平面图等。若有两层或更多层的房间平面布置相同，这些层可共用一个建筑平面图，称为 X—X 层平面图或标准层平面图。此时，共用层数通过室内建筑标高标注的行数及数字显示。比如某建筑有四层的房间平面布置相同，共用一个平面图表达时，如果房间地面高度分别为

3.3.2　建筑平面图形成：一层、二层、屋顶（动画）

—0.020、2.980、5.980、8.980，那么，平面图上在该房间的标高就用 $\underline{\underset{\underline{-0.020}}{\overset{(8.980)}{\underset{(5.980)}{(2.980)}}}}$ 所示，标高符号上从

下向上共标注了4行不同高度数字，除最下面的一行标高数字不加括号外，上面3个标高数字均加括号。

若一幢房屋的建筑平面布置左右对称，则习惯上将两层平面图合并画在一个图上，左边画一层的一半，右边画另一层的一半，中间用对称线分界，在对称线两端画上平行线的**对称符号**，并在图的下方分别注明它们的图名。此类命名方法在古建筑平面图中经常被使用到，即分层对称平面图，如图3.3-2（a）所示。

> 对称符号由对称线和两端的两对平行线组成。对称线用细单点长画线绘制；平行线用细实线绘制，其长度宜为6～10mm，每对平行线的间距宜为2～3mm；对称线垂直平分于两对平行线，两端超出平行线宜为2～3mm。对具有对称性特点的建筑平、立、剖面表达时往往用对称符号简化表达，以提高作图效率。水平方向的对称符号表明该图形上下对称，竖直方向的对称符号表明该图形左右对称。

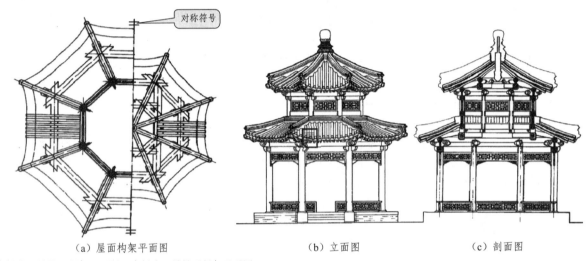

（a）屋面构架平面图 　　　　　（b）立面图 　　　　　（c）剖面图

左侧为一层屋面梁架平面图；右侧为二层屋面梁架平面图

图3.3-2　某单围柱重檐八角亭图样

建筑平面图主要反映房屋的平面形状、大小，房间的布置，墙或柱、门窗等构配件的位置、尺寸、材料、做法，内外交通联系等情况。各层平面除表达该层房间情况外，还需要表达出下一层平面未表达出的建筑构配件，如二层平面图需表达出出入口上方的雨篷。另外，底层平面图还需要表达出建筑室外的**散水**、台阶、花坛等建筑附属部分。

对于屋顶平面图来说，主要图示屋面构件或构筑物位置、屋面排水方式，如图3.3-3所示。

建筑平面图是施工放线、砌墙、安装门窗、室内外装修及编制工程预算的重要依据，是表达建筑的三大基本图样图纸之一。

> 散水是在沿着房屋四周铺设的用来防止雨水渗入的保护层。散水有一定坡度，可以迅速排走外墙根附近的雨水，避免雨水冲刷或渗透到地基，防止基础下沉，以保证房屋的巩固耐久。散水宽度宜为600～1000mm，当屋檐较大时，散水宽度要随之增大，以便屋檐上的雨水都能落在散水上迅速排散。散水的坡度一般为5%，外缘应高出地坪20～50mm，以便雨水排出流向明沟或地面他处散水，如图所示。

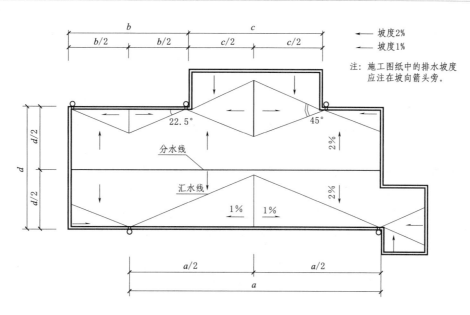

图 3.3-3   屋顶平面图举例

3.3.2   建筑平面图的图示方法

某建筑一层平面图如图 3.3-4 所示，建筑平面图主要由建筑构配件图例、图线、定位轴线、相关符号、尺寸标注及文字等组成。

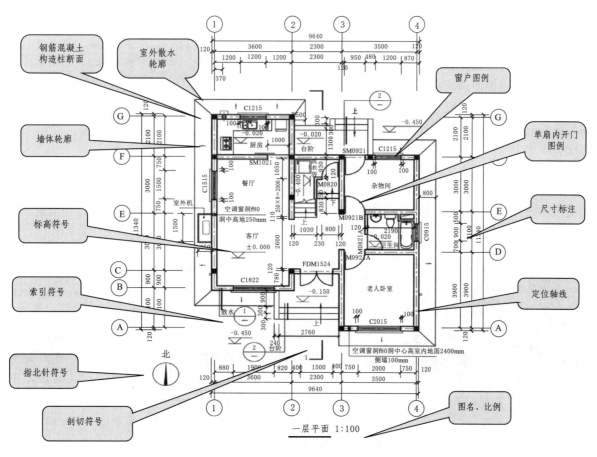

图 3.3-4   建筑平面图的图示举例

3.3.2.1　比例

建筑平面图常用的绘图比例为 1：100。在绘制建筑面积较大的工程图纸时可采用 1：150、1：200 的绘图比例，建筑面积较小时可采用 1：50。在一套工程图纸中，各层建筑平面图的绘图比例应相同。

3.3.2.2　图例、图线

建筑平面图中的图例、图线线型及线宽等均按国家建筑制图相关标准规定绘制，如《建筑制图标准》（GB/T 50104—2010）、《房屋建筑制图统一标准》（GB/T 50001—2017）等。正确应用图例和图线是建筑设计人员的技能基本功之一，对于初学者来说需要引起足够重视。

门窗图例旁边应有相应代号、编号。门的基本代号为 M，窗的基本代号为 C，同一类型的门编号应相同，如 M1 或 M-1；同样，同一类型的窗编号应相同，如 C1 或 C-1。门窗采用标准图集时，应注写标准图集编号。对于平面图中图例表示相同的门窗，比如，单扇平开门和单向弹簧门的图例是相同的，如图片所示。为了区分单扇平开门和单扇单向弹簧门的类型，可用 M12 代表第 12 号单扇平开门，TM12 代表第 12 号单向弹簧门，同时，应在门窗表备注中说明。建筑平面图中的门窗编号方式主要有以下三种：

（1）一般编号法：代号+编号，如 M1 或 M-1，代表 1 号门，同理 C10 或 C-10 代表窗 10。

（2）类型编号法：类型代号+编号，如 FHM12 或 FHM-12 代表防火门12；JLM2 或 JLM-2 代表卷帘门 2；GC14 或 GC-14 代表钢窗 14；MLC1 或 MLC-1 代表门连窗 1。

（3）宽高编号法：代号+门窗宽高，如 M0922 代表宽高为 900×2200 的门；C1515 代表宽高位 1500×1500 的窗。图 3.3-4 中的门窗编号采用的是类型编号法和宽高编号法。

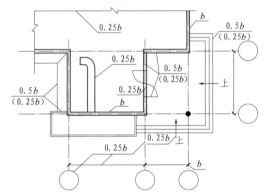

图 3.3-5　建筑平面图的图线线宽选用举例

建筑平面图的线型、线宽选择需严格按照制图标准要求绘制。平面图图线线宽选用如图 3.3-5 所示。

（1）平面图形成过程中剖切到的主要构件（包括构配件）的轮廓线如墙体、柱子等主体轮廓线用粗实线绘制；如果建筑中的墙体、柱子采用钢筋混凝土材料，那么在建筑平面图中的墙体、柱子等用涂黑方式表达，如图 3.3-4 所示，涂黑的正方形表明是钢筋混凝土**构造柱**，如图 3.3-6 所示涂黑的正方形是钢筋混凝土承重柱，涂黑的墙体为钢筋混凝土墙体。

构造柱是指为了增强建筑物的整体性和稳定性，在多层砖混结构建筑的墙体中设置的竖向构件，并不承重，而是与各层圈梁相连接，形成能够抗弯抗剪的空间框架，提高砖混结构的抗震性能，减少、控制墙体的裂缝产生，是防止房屋倒塌的一种有效措施。一般根据房屋的层数不同、地震烈度不同，设置在外墙四角、错层部位横墙与外纵墙交接处、较大洞口两侧、大房间内外墙交接处等。构造柱的最小截面尺寸为 240mm×180mm，竖向钢筋多用 4Φ12，箍筋间距不大于 250mm，随地震烈度和层数的增加，建筑四角的构造柱可适当加大截面和钢筋等级。

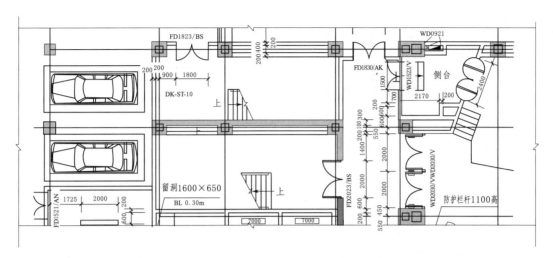

图 3.3-6 建筑平面图中钢筋混凝土墙、柱的涂黑表达

（2）被剖切次要构件（包括构配件）轮廓线如门扇线用中实线绘制，未剖切到的构造轮廓线、尺寸起止符等用中实线绘制。

（3）尺寸线、尺寸界线、符号轮廓线、填充线、家具线、索引符号线、引出线、折断线等用细实线绘制。

（4）定位轴线用细的单点长画线。

（5）对于中心线、对称线、定位轴线、分水线、粉刷线、保温材料层线等按照制图标准中图线规定使用。

3.3.2.3 定位轴线

定位轴线指建筑物主要墙、柱等承重构件加上编号的轴线，是进行尺寸标注的一个重要依据，对施工定位起着重要作用。如图 3.3-7 所示，一般承重墙、柱及外墙编号为主轴线，非承重墙、隔墙等编号为附加轴线（又称分轴线）。轴线圆圈用细实线绘制，直径为 8~10mm，横向编号应用阿拉伯数字，从左至右顺序编写，竖向编号应用大写拉丁字母（I、O、Z 除外）自下而上顺序编写。附加定位轴线的编号应以分数形式表示，如图 3.3-7 中 ①/②、①/⑧、①/⑩ 等。其中，①/②、①/⑧ 是在定位轴线之后的附加轴线，分母表示前一轴线的编号，分子表示附加轴线的编号；①/⑩ 表示定位轴线Ⓐ之前的第一道附加轴，分母是轴线编号Ⓐ前加 0，分子表示附加轴线的编号。

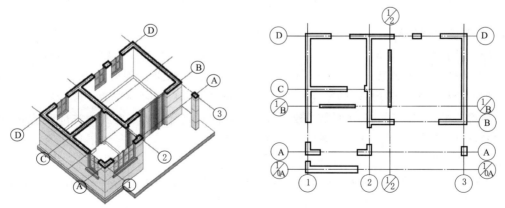

图 3.3-7 建筑平面图中的定位轴线

在较简单或对称的房屋中，平面图的轴线编号一般标注在图形的下方及左侧。较复杂或不对称的房屋，图形上方和右侧也可以标注。当平面形状复杂或过于太大太长时，可分区表达，此时需要绘制出分区组合示意图和各分区的平面图。如图 3.3－8 所示，分区定位轴线的编号注写形式为"分区号-该分区编号"，"分区号-该分区编号"采用阿拉伯数字或大写拉丁字母表示。

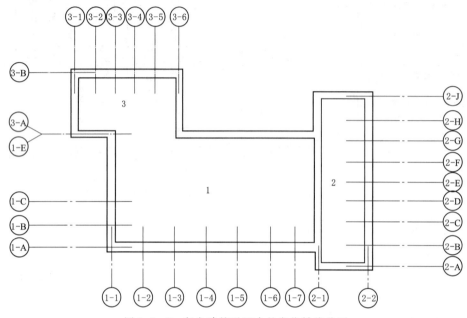

图 3.3－8　复杂建筑平面中的定位轴线分区

建筑设计中涉及的其他特殊平面形式的定位轴线如图 3.3－9 所示，圆形平面、弧形平面、折线平面等的定位轴线编号可以参阅《房屋建筑制图统一标准》（GB/T 50001—2017）进行。

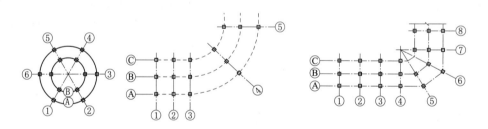

图 3.3－9　特殊平面中的定位轴线

3.3.2.4　平面图中的符号

（1）**指北针符号**，如图 3.3－10 所示。指北针是用来表明建筑朝向的符号。一般画在底层平面图（首层平面图）所在图纸的空白处，其他平面图不必画指北针符号。指北针圆的直径宜为24mm，用细实线绘制；指针尾部的宽度宜为3mm，指针头部应注"北"或"N"字。

（2）**剖切符号**，如图 3.3－10 所示。建筑平面图中的剖切符号用来表明建筑剖面图的剖切位置和剖视方向，画在底层平面图（首层平面图）需要剖切的位置。剖切符号由剖切位置线（跨越图形的粗实线）、剖视方向线（与剖切位置相垂直的粗实线）、剖切编号三部分组成。剖切符号的形式如图 3.3－11 所示，剖切符号跨越图形成对出现，根据建筑内部剖切表达需要，可以是全剖切，也可以是阶梯剖切，1—1、2—2 为全剖切符号，3—3 为阶梯剖切符号。

（3）**索引符号**，如图 3.3－10 所示。索引符号根据需要而绘制在需要绘制详图的部位。由直径

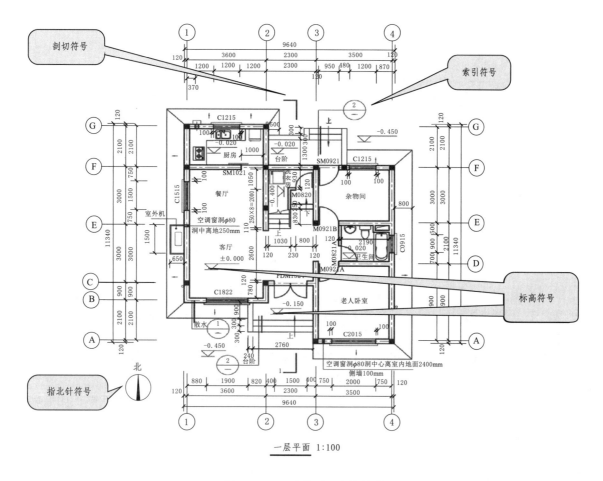

图 3.3－10　建筑平面中的符号

为 8～10mm 的圆和穿越圆心的引出线组成，以细实线绘制。分母表示详图所在的图纸编号，分子表示详图编号。分母为横线时表示对应部位的详图就在本张图纸上。

如果索引的详图为剖视详图，应在索引符号引出线的一侧用粗实线画出被剖切的部位绘制剖切位置线。不同情况的索引符号如图 3.3－12 所示。

（4）**标高符号**，如图 3.3－10 所示，建筑平面图中的标高符号以等腰直角三角形表示如 $\underline{3.000}$ ，绘制在不同高度的楼地面房间内部和室外地面处，如室内房间地面、卫生间地面、厨房地面、阳台地面、楼梯平台、室外台阶、地面等。建筑平面图中的标高标注的是相对标高，以米为单位标到小数点后三位。

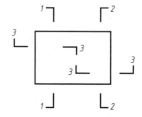

图 3.3－11　建筑平面中的剖切符号形式

· 相对标高是以某建筑物底层室内地坪为零点±0.000 的标高。零点标高正负号"±"不可省略，比零点标高高的标注数字前正号"＋"可省略，比零点标高低的标注数字前负号"－"不可省略。

99

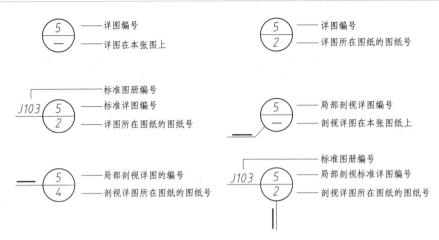

图 3.3-12　用于不同情况的索引符号

注：标准图册是国家或地方颁布的构造设计标准图集，在实际工程中，有的详图
可直接引用图集中的有关做法。

- 剖切符号由剖切位置线（跨越图形的粗实线）、剖视方向线（与剖切位置相垂直的粗实线）、剖切编号三部分组成。

剖切位置线的长度宜为 6～10mm；剖视方向线应垂直于剖切位置线，长度应短于剖切位置线，宜为 4～6mm。剖切符号的编号宜采用粗阿拉伯数字，按剖切顺序由左至右、由下向上连续编排，并应注写在剖视方向线的端部；需要转折的剖切位置线，应在转角的外侧加注与该符号相同的编号。绘制剖切符号时，不应与其他图线相接触。

剖切符号与要表达建筑内部构造的建筑剖面图密切相关。剖切符号中的剖切位置线跨越建筑构造复杂处、层高不同处、门窗洞口处、地面高差处，如楼梯间、台阶等。

- 索引符号由直径为 8～10mm 的圆和穿越圆心的引出线组成，以细实线绘制。

分母表示详图所在的图纸编号，分子表示详图编号。分母为横线时表示对应部位的详图就在本张图纸上。

图纸中如果遇到某一局部或构件需要另见详图时，应以索引符号索引。

- 指北针符号是用来表明朝向的符号。其圆的直径宜为 24mm，用细实线绘制；指针尾部的宽度宜为 3mm，指针头部应注 "北" 或 "N" 字。需用较大直径绘制指北针时，指针尾部的宽度宜为直径的 1/8。

- 标高符号以等腰直角三角形表示，用在不同高度的楼地面房间内部和室外地面处。标注数字单位为米，注写到小数点后三位，是相对标高。

3.3.2.5　平面图中的尺寸

平面图中的尺寸标注主要是线性尺寸标注，尺寸标注单位为 mm，如图 3.3-13 所示。有内外之分，外部尺寸一般标注有三道：

(1) 第一道尺寸标注的是外墙细部尺寸，如门窗洞口宽度等。

(2) 第二道尺寸标注的是定位轴线之间的尺寸，可以反映房间的开间、进深等指标。

(3) 第三道尺寸标注的是总尺寸，即房屋的总长、总宽等。

内部尺寸主要标注如下：

(1) 砌体结构承重墙和非承重墙、钢筋混凝土剪力墙应标注其厚度尺寸和定位尺寸。

(2) 结构柱应标注定位尺寸，不一定标注断面尺寸。

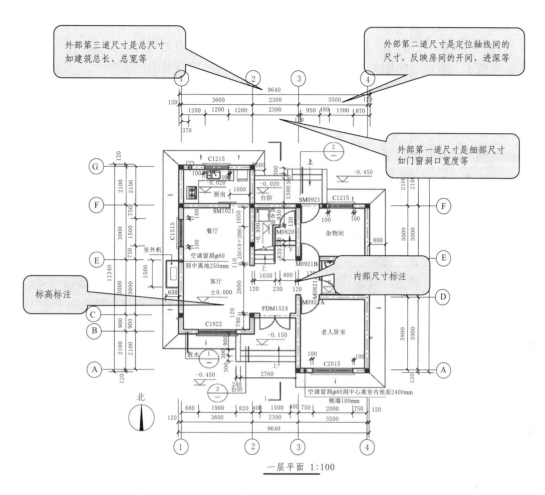

图 3.3-13　平面图中的尺寸标注

（3）内部门窗应标注定位尺寸，高窗应注明窗台距本层楼地面高度，门洞（不装门的洞口）应标注定位和洞宽洞高尺寸。

尺寸标注应清晰、简明、正确。互相平行的尺寸线，应从被注写的图样轮廓线由近向远整齐排列，较小尺寸应离轮廓线较近，较大尺寸应离轮廓线较远；轮廓线以外的尺寸界线，距图样最外轮廓之间的距离，不宜小于 10mm；平行排列的尺寸线的间距，宜为 7~10mm，并应保持一致，如图 3.3-14 所示。

除此之外，平面图中还有标高尺寸标注，用以标注不同楼地面房间及室外地面高度情况，是相对标高，以米为单位标到小数点后三位。在建筑入口平台、散水、卫生间地面、雨棚、屋面处会有坡度标注，如百分数如 2% 或比值 1:2 等。

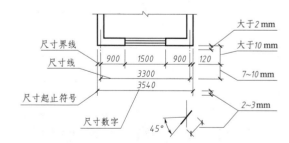

图 3.3-14　平面图外部尺寸的规范标注

3.3.2.6　平面图中的文字及其他内容

平面图中的文字内容主要有各房间的名称、图名、备注说明等。

除上述内容之外，平面图中还有如下内容：

（1）凡固定卫生洁具、厨具、灶台、洗菜池、盥洗池、地漏、洗衣机、冰箱均按位置绘制，可移动家具可不绘制位置（建筑方案图可绘制家具图示）。

（2）预留洞（槽）、烟道、风道、设备井道、上人口应标注位置和尺寸，或说明位置和尺寸。台阶、花坛、散水、坡道、窗井、地沟、楼梯绘制可见线，标注或说明尺寸做法。

（3）雨棚和屋面应标注排水方向和排水坡度、水舌和雨水斗位置；地面应标注排水方向及坡度；楼梯和踏步需绘制上下方向的箭头等。

3.3.3 建筑平面图的识读

先整体后细部是识读图纸的主要原则。在对图纸目录、建筑设计说明等了解建筑概况基础上，对每层建筑平面图的识读主要按以下信息顺序进行：

（1）通过图名、比例了解该层在整个建筑中的层次位置。

（2）通过底层平面图中的指北针符号，了解建筑和房间的朝向。

（3）了解该层房间的形状、用途数量。

（4）了解墙或柱的位置、分隔情况，各房间相互间的联系情况。

（5）通过外部尺寸了解各房间的开间、进深，外墙上门窗位置、宽度尺寸；通过内部尺寸了解内墙上门的位置、尺寸及室内设备的大小和位置。很多情况下，平面图中房间横向定位轴线间的尺寸即为**开间**，竖向定位轴线间的尺寸即为**进深**，如图3.3-15所示。因此，在建筑平面图中，房间的开间、进深可通过外部第二道尺寸标注进行解读，如图3.3-13所示，老人卧室的开间尺寸为3500，进深尺寸为3900。

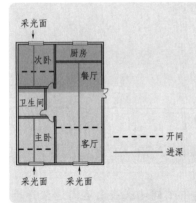

开间、进深。通俗来说，房间采光面窗户所在的房间墙面宽度就是开间，光线通过采光面窗户进入房间的方向尺寸就是进深。即开间与进深是相互垂直的，如图所示。

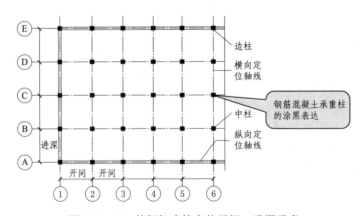

图3.3-15 某框架建筑中的开间、进深示意

（6）通过门窗图例及其编号，了解该层门窗的类型、数量及其位置。

（7）从标高符号了解地面的高差情况，从剖切符号、索引符号或从建筑细部尺寸和位置，了解建筑细部构造做法等。

建筑平面图的识读注意事项：

（1）对多层或高层建筑来说，在多张平面图情况下，一般按照建筑施工的顺序，从低层到高层逐步进行。一张平面图一般按先整体后细部原则读图。在实际工作中，根据施工需要一张平面图可能会反反复复看好多次。

（2）读图过程中注意上下层平面图的对照读图，便于一些图示构造内容的理解。比如一层入口处上方会出现的雨棚，往往是绘制在二层平面图或者三层平面图中的。此时，直接阅读二层平面图或三层平面图时会比较困难，结合一层平面图同样位置才能阅读出雨棚的表达。

3.3.3　建筑平面图的识读（微课视频）

（3）对于底层平面图需注意室外台阶、坡道、平台、散水、柱廊、花坛等的阅读。同时，注意只有在底层平面图中才出现的指北针符号和剖切符号。

（4）注意局部平面图的阅读，便于理解相同部位不同标高的构造做法。

（5）对于屋顶平面图，重点是屋顶排水方式和坡度的解读。

3.3.4　建筑平面图的绘制步骤与方法

对于手工绘图来说，建筑平面图的绘制可分为准备、底稿绘制、校核加深图线、标注等四个阶段。具体步骤与方法如下。

3.3.4.1　准备阶段

（1）选定比例和图幅。

（2）根据比例估算出图形面积大小，合理均匀布置图面，如图 3.3-16 所示。绘图之前需预留出尺寸标注空间、图名注写空间等 50～80mm 左右，同时，避免图形挤在图纸一角或一侧或空白很多。

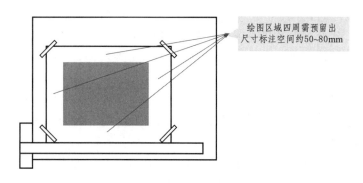

绘图区域四周需预留出尺寸标注空间约50~80mm

图 3.3-16　图面布置示意

3.3.4.2　底稿绘制阶段

如图 3.3-17（a）、（b）、（c）所示。

（1）用 2H 铅笔从上到下、从左向右绘制墙或柱的定位轴线网。

（2）在轴线网基础上，用 2H 铅笔绘制墙、柱断面轮廓位置底稿线。

（3）用 2H 铅笔绘制全部门窗洞位置线。

（4）绘制楼梯、室内卫生设施等细部轮廓线。对于首层平面图来说，还要绘制出室外柱廊、平台、散水、台阶、坡道、花坛等投影轮廓线。同时，注意补全没有定位轴线的次要的非承重墙、隔墙等。

底稿绘制时，注意相同方向、相同线型尽可能一次画完，以免三角板、丁字尺来回移动。

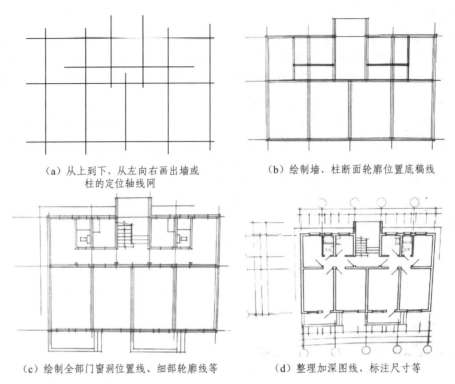

（a）从上到下、从左向右画出墙或　　　　　　　（b）绘制墙、柱断面轮廓位置底稿线
柱的定位轴线网

（c）绘制全部门窗洞位置线、细部轮廓线等　　　　（d）整理加深图线、标注尺寸等

图 3.3 - 17　建筑平面图的绘制举例

3.3.4.3　校核、加深图线阶段

仔细校核图样底稿，如有问题，应及时解决和更正，在校核无误后按照图线要求加深图线，如图 3.3 - 17（d）所示。铅笔加深或描图顺序：先画上部，后画下部；先画左边，后画右边；先画水平线，后画垂直线或倾斜线；先画曲线，后画直线。

3.3.4.4　标注阶段

（1）标注外部和内部尺寸。用 2H 铅笔绘制尺寸线、尺寸界线；用 HB 铅笔标注尺寸。

3.3.4　建筑
平面图的绘制
（微课视频）

（2）绘制标高符号、索引符号、剖切符号、指北针等相关符号；绘制定位轴线圆圈并注写编号，如图 3.3 - 17（d）所示。

（3）用 HB 铅笔书写房间名称、门窗型号、图名、比例、文字说明等。

（4）清洁图面，擦去不必要的作图线和脏痕，完成图样。

建筑平面图的绘制注意事项：

建筑平面图是假想将建筑水平剖切后按正投影原理向下投射得到的，因此，在绘制建筑平面图时需注意竖直方向构配件如墙体、柱子等轮廓线按粗实线绘制。同时，注意图例省略画法与制图比例的关系，如图 3.3 - 18 所示，窗户随着比例变小，不断简化其表达。

按照《建筑制图标准》（GB/T 50104—2010）中第 4.4.4 条，不同比例的平面图，其墙柱材料图例、抹灰层等材料图例的画法，应符合下列规定：

（1）比例大于 1∶50 的平面图，宜画出墙柱材料图例，应画出抹灰层、保温隔热层等。

（2）比例等于 1∶50 的平面图，宜绘出保温隔热层，抹灰层的面层线应根据需要确定。

（3）比例小于 1∶50 的平面图，可不绘出抹灰层。

（4）比例为 1∶100～1∶200 的平面图，可绘制简化的墙柱材料图例。

（5）比例小于 1∶200 的平面图、剖面图，可不绘制材料图例。

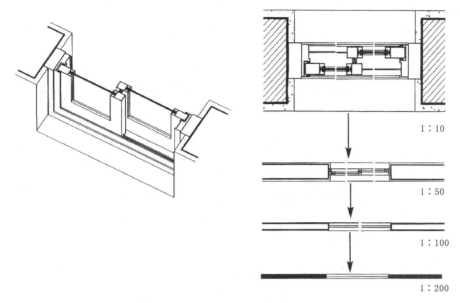

1:10

1:50

1:100

1:200

图 3.3-18　不同比例的建筑平面图墙体和窗户绘制表达

3.4.1　建筑
立面图的形成
（动画）

3.4　建筑立面图的识读与绘制

建筑立面图是表达房屋建筑的三大基本图样图纸之一。

3.4.1　建筑立面图的形成、命名及作用

如图 3.4-1 所示，建筑立面图是在与房屋立面相平行的投影面上所作的正投影图样。

建筑立面图的图名，主要有以下四种命名方式：

（1）以建筑各墙面的朝向来命名。如东立面图、西立面图、南立面图、北立面图。此时，建筑各墙面朝向与建筑平面图中指北针指示方向是一致的，如图 3.4-2 所示。

（2）以建筑左右两端定位轴线编号命名。如①～⑨立面图、Ⓔ～Ⓐ立面图等。此时，轴线编号与建筑平面图的两端轴线编号是对应一致的，如图 3.4-2 所示。

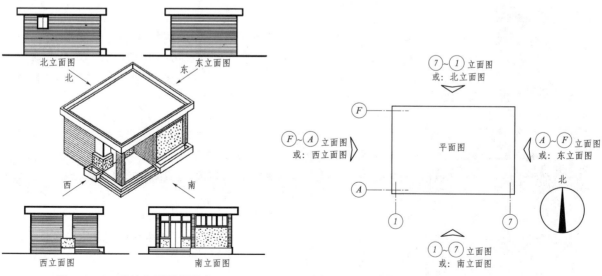

图 3.4-1　建筑立面图的形成　　　　图 3.4-2　建筑立面图的命名与平面图的对应关系

（3）以建筑墙面的特征命名。常把建筑主要出人口所在墙面的立面图称为正立面图，其余几个立面相应的称为背立面图、左侧立面图、右侧立面图。

（4）对于建筑平面形状为曲折或圆弧的建筑物，必定有一部分建筑立面不平行于投影面，此时，应将这一部分进行假想展开到与投影面平行，再绘制其展开后的立面图。此时，应在图名后加注"展开"二字，如图3.4-3所示。对于展开立面图，需注意展开后的立面图尺寸与转折平面图的尺寸对应关系。

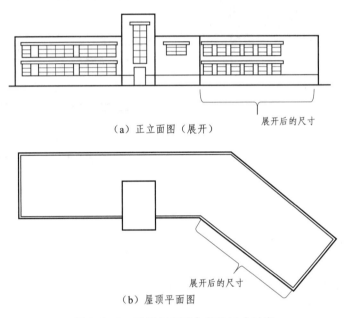

（a）正立面图（展开）

（b）屋顶平面图

图3.4-3 展开立面图命名及尺寸对应

建筑立面图主要用来表示建筑的外貌造型、外墙装修、门窗的位置与形式，以及台阶、**勒脚**、窗台、窗顶、檐口、阳台、遮阳板、雨篷、雨水管、**引条线**等构配件的位置、形状、高度等，是施工放线、砌墙、安装门窗、室内外装修及编制工程预算的重要依据，是表达建筑的三大基本图样图纸之一。

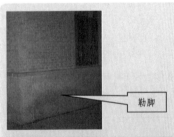

勒脚是建筑物外墙的墙脚部分，一般为窗台以下一定高度范围内，为了防止雨水反溅到墙面，对墙面造成腐蚀破坏，设计时会将这部分高度范围的外墙墙面做加厚防水处理，这段加厚部分称为勒脚。

在外墙抹灰中，当墙面抹灰面积较大时，为避免外墙面上大面积的粉刷在昼夜温差作用下周而复始的热胀冷缩，导致墙面粉刷开裂。同时，为方便操作和立面设计的需要，常在抹灰面层做分格线，称为引条线，又称分格条、分块缝。
引条线的做法是底灰上埋设梯形、三角形或半圆形的木引条，面层抹灰完成后，即可取出木引条，再用水泥砂浆勾缝或用密封膏嵌缝，以提高其抗渗能力。

3.4.2　建筑立面图的图示方法

建筑立面图主要由建筑构配件图例、图线、定位轴线、相关符号、尺寸标注及文字等组成，如图 3.4－4 所示。

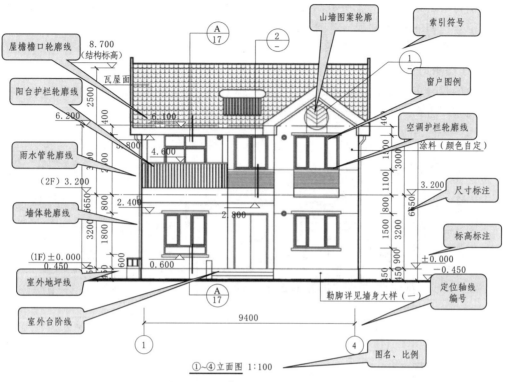

图 3.4－4　建筑立面图的图示举例

3.4.2.1　比例

常用的建筑立面图绘图比例为 1∶100。在绘制建筑面积较大的工程图纸时可采用 1∶150、1∶200 的绘图比例，建筑面积较小时可采用 1∶50。通常在一套工程图中建筑平面图、建筑立面图、建筑剖面图采用同比例制图。

3.4.2.2　图例、图线

建筑立面图中的建筑构配件图例、图线线型及粗细等按建筑制图相关标准规定绘制〔如《建筑制图标准》（GB/T 50104—2010）、《房屋建筑制图统一标准》（GB/T 50001—2017）等〕。

图线粗细按以下规定绘制：

（1）室外地坪线用加粗实线 $1.4b$ 绘制。

（2）立面图中的墙体、屋顶等外轮廓用粗实线 b 绘制。

（3）门窗洞口轮廓线、表示墙体凹凸变化线等用中实线 $0.5b$ 绘制。

（4）门窗分扇线、墙体分格线、雨水管、台阶、屋顶瓦、标高符号轮廓线等均用细实线 $0.25b$ 绘制。

3.4.2.3　定位轴线

建筑立面图只标注左右两端的定位轴线，同一个建筑的立面图定位轴线编号与平面图的定位轴线编号相对应。

3.4.2.4　立面图中的符号

（1）标高符号。如图 3.4－4 所示，建筑立面图中的标高符号以等腰直角三角形表示，且过三角形尖端绘制水平位置线，如 ▽3.000 。水平位置线与要表达的地面、窗台、窗顶、门洞顶部等高度位置对齐。

标高符号标注在室内外不同高度的楼地面位置高度处，标注在窗台、窗顶、门洞顶部、阳台底部和顶部、雨篷底部等的位置高度处。建筑立面图中的标高标注的是相对标高，以 m 为单位，标到小数点后三位。

（2）索引符号。如图 3.4-4 所示，立面图中的索引符号与建筑平面图中的索引符号形式和含义相同，由直径为 8～10mm 的圆和穿越圆心的引出线组成，以细实线绘制，根据需要而绘制在需要绘制详图的部位。

3.4.2.5 立面图中的尺寸

立面图中的尺寸主要是竖直方向的尺寸标注，如图 3.4-5 所示。竖直方向有标高尺寸和线性尺寸。立面图水平方向一般只标注一道两端轴线间尺寸。

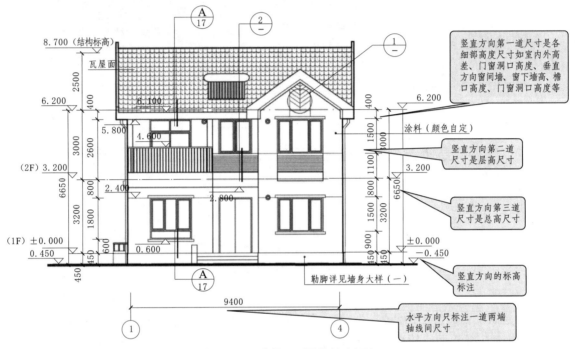

图 3.4-5 建筑立面图的尺寸标注

竖直方向的线性尺寸，尺寸标注单位为 mm。标注三道，里边一道尺寸标注房屋的室内外高差、门窗洞口高度、垂直方向窗间墙、窗下墙高、檐口高度尺寸；中间一道尺寸标注**层高**尺寸；外边一道尺寸为**建筑总高度**尺寸。

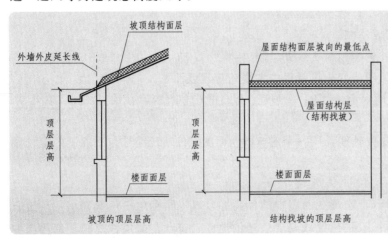

• 层高是建筑物各层之间以楼、地面面层（完成面）计算的垂直距离。顶层的层高计算有两种情况：当为坡顶时，则以坡向低处的结构面层与外墙外皮延长线的交点作为计算点；当为平屋面时，因屋面有保温隔热层不便确定，故以该层楼面面层（完成面）至屋面层的垂直距离来计算。如图所示。

• 建筑总高度是指从室外设计坪至建筑主体檐口上部或女儿墙顶部的总高度。《民用建筑通用规范》（GB 55031—2022）规定：

(1) 平屋顶建筑高度应按室外设计地坪至建筑物女儿墙顶点的高度计算，无女儿墙的建筑应按至其屋面檐口顶点的高度计算。

(2) 坡屋顶建筑应分别计算檐口及屋脊高度，檐口高度应按室外设计地坪至屋面檐口或坡屋面最低点的高度计算，屋脊高度应按室外设计地坪至屋脊的高度计算。

(3) 当同一座建筑有多种屋面形式，或多个室外设计地坪时，建筑高度应分别计算后取其中最大值。

(4) 机场、广播电视、电信、微波通信、气象台、卫星地面站、军事要塞等设施的技术作业控制区内及机场航线控制范围内的建筑，建筑高度应按建筑物室外设计地坪至建（构）筑物最高点计算。

(5) 历史建筑，历史文化名城名镇名村、历史文化街区、文物保护单位、风景名胜区、自然保护区的保护规划区内的建筑，建筑高度应按建筑物室外设计地坪至建（构）筑物最高点计算。

(6) 屋顶设备用房及其他局部突出屋面用房的总面积不超过屋面面积的 1/4 时，不应计入建筑高度。

标高尺寸应标注建筑物的室内外地坪、门窗洞口上下口、台阶顶面、雨篷、房檐下口，屋面、墙顶等处，是相对标高，以米为单位，标到小数点后三位。

建筑立面竖向尺寸标注和标高须和建筑剖面图相互对应。同一张图纸上布置的两个以上的立面图时，立面图的高度方向宜平齐绘制在同一水平线上，图内相互有关的尺寸及标高，宜标注在同一竖线上。

3.4.2.6 立面图中的文字

立面图中的文字主要有图名、立面各部位所用装修材料做法等。

3.4.3 建筑立面图的识读

立面图的识读步骤和方法如下：

(1) 通过图名、比例，结合建筑平面图的指北针指示朝向和定位轴线情况，了解该立面图在整个建筑中的朝向位置。

(2) 了解该建筑的外貌形状、总高度。

(3) 与建筑平面图、屋顶平面图对照，并结合标高尺寸等深入了解屋面、门窗、雨篷、阳台、台阶、雨水管等细部形状及高度位置，如图 3.4－6 所示，建筑立面图中的门窗位置等与建筑平面图中的门窗位置是呈对应关系的，墙体轮廓也呈对应关系。

(4) 通过引出线及文字了解该建筑立面的装修材料做法。

(5) 通过立面图上的索引符号，了解建筑细部构造做法等。

(6) 在该立面图信息基础上，了解其他立面图，建立起建筑物的整体外貌造型想象。

建筑立面图的识读注意事项：

(1) 识读立面图需要紧密与建筑平面图相结合进行。

(2) 建筑中外墙上的门窗、阳台等的高度尺寸可以从立面图中进行解读，而对应的宽度尺寸，则要从立面图相对应的建筑平面图中解读。

(3) 同一建筑的各立面图需要相互配合识读，才能完整、准确地建立起建筑物的整体外貌形象。

3.4.2 建筑立面图的识读（微课视频）

3.4.4 建筑立面图的绘制步骤与方法

同建筑平面图绘制一样，建筑立面图的绘制可分为准备、底稿绘制、校核加深图线、标注等四个阶段，具体步骤与方法如下。

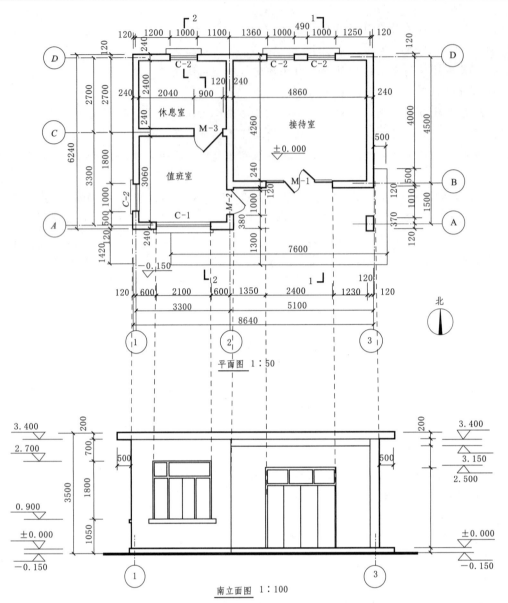

图 3.4－6　建筑立面图与建筑平面图的细部对应关系举例

3.4.4.1　准备阶段

（1）选定比例和图幅。

（2）根据比例估算出图形面积大小，合理均匀布置图面。

3.4.4.2　底稿绘制阶段

（1）用 2H 铅笔依次从下向上画地坪线、楼面线、屋顶线；对照平面图依次从左至右画定位轴线和立面图最左、最右外轮廓线，如图 3.4－7（a）所示。

（2）对照平面图，用 2H 铅笔画凸出墙面位置线、阳台轮廓位置线、门窗洞口位置线等，如图 3.4－7（b）所示。

（3）对照平面图，画出如台阶、花坛、雨篷、阳台护栏、雨水管、窗户分格线、空调护栏等细部轮廓线，如图 3.4－7（c）所示。

3.4.4.3　校核、加深图线阶段

仔细校核图样底稿，如有问题，应及时解决和更正，在校核无误后，按照图线要求加深图线。

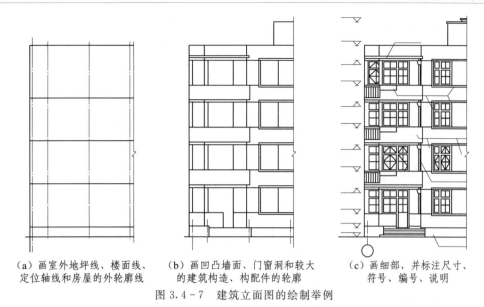

|（a）画室外地坪线、楼面线、|（b）画凹凸墙面、门窗洞和较大|（c）画细部，并标注尺寸、|
|定位轴线和房屋的外轮廓线|的建筑构造、构配件的轮廓|符号、编号、说明|

图 3.4 - 7　建筑立面图的绘制举例

3.4.3　建筑
立面图的绘制
（微课视频）

3. 4. 4. 4 　标注阶段

（1）标注高度尺寸。用 2H 铅笔绘制标高符号，用 HB 铅笔标注高度尺寸，如图 3.4 - 7(c) 所示。

（2）绘制必要的索引符号，对立面图两端定位轴线圆圈并注写编号。

（3）进行必要的装修材料文字注写，图名、比例注写等。

建筑立面图的绘制注意事项：

（1）建筑立面图的绘制需在理解建筑立面图与建筑平面图的位置对应关系基础上进行，建筑立面图中墙体轮廓线、门窗洞口线、阳台轮廓线、台阶轮廓线等准确位置，需严格与建筑平面图中的外墙及外墙上门窗、阳台、台阶等相对应。绘制过程中需要的门窗宽度等尺寸需从建筑平面图上获取。

（2）建筑立面图虽然是假想直接按正投影原理得到，但建筑立面图中的图线粗细应按制图标准规定绘制，如图 3.4 - 8 所示。①外轮廓用粗实线 b；②窗洞口、墙体凸出部分等用中实线 $0.5b$；③窗户分扇线、墙体分格线、雨水管、台阶、屋顶瓦等用细实线 $0.25b$；④地坪线用加粗实线 $1.4b$。

（3）建筑立面图的水平方向尺寸可不用标注，但一定标注两端定位轴线编号，且两端定位轴线编号与建筑平面图保持一致。

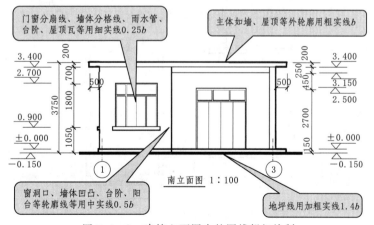

图 3.4 - 8　建筑立面图中的图线粗细绘制

3.5　建筑剖面图的识读与绘制

建筑剖面图是表达房屋建筑的三大基本图样图纸之一。

3.5.1 建筑剖面图的形成、命名及作用

为将建筑内部竖直分层情况和每层高度情况表达清楚，如图 3.5-1 所示，建筑剖面图是假想一个或多个平行于房屋某一墙面的竖直剖切面，沿着房屋门窗洞口等合适部位，将整个房屋从屋顶到基础剖切开，移走一部分，将剩下部分按垂直于剖切平面的方向投影而画成的图样。

根据工程需要，一幢建筑可能会需要多个剖面图表达情况。假想的竖直剖切面应选择剖到房屋内部较复杂的部位，可横剖、纵剖，或阶梯剖。一般要沿着门窗洞口、地面高差处等进行剖切。

假想的竖直剖切面以底层平面图上的剖切符号形式把剖切位置标注出来，即剖面图的剖切位置是用剖切符号标注在同一建筑物的底层平面图上的。如图 3.5-2 所示，剖切符号由剖切位置线、投射方向线、剖切编号三部分组成。建筑剖面图命名时应与底层平面中剖切符号的编号保持一致。剖面图的命名以底层平面图中剖切符号的编号命名，如 1—1 剖面、2—2 剖面、A—A 剖面、I—I 剖面等。

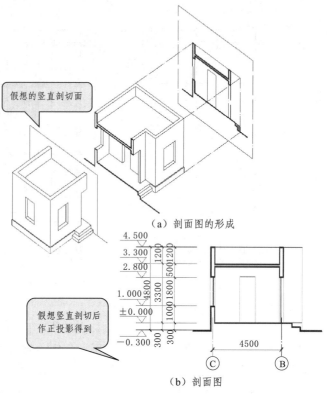

（a）剖面图的形成

（b）剖面图

图 3.5-1　剖面图中的形成

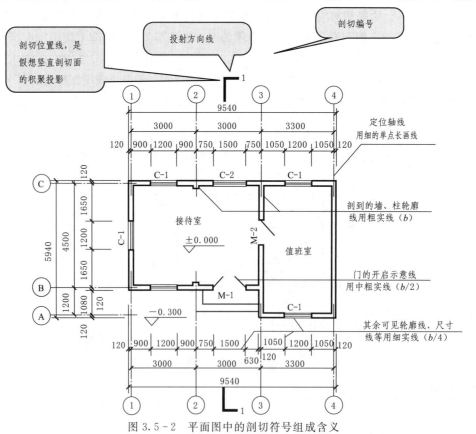

图 3.5-2　平面图中的剖切符号组成含义

3.5.1 建筑
剖面图的
形成（动画）

建筑剖面图主要用来表达房屋内部垂直方向的结构形式、分层情况、各层构造作法、门窗洞口高、层高及建筑总高等，是施工放线、砌墙、安装门窗、室内外装修及编制工程预算的重要依据。

3.5.2　建筑剖面图的图示方法

建筑剖面图主要由建筑构配件图例、图线、定位轴线、相关符号、尺寸标注及文字等组成，如图 3.5－3 所示。

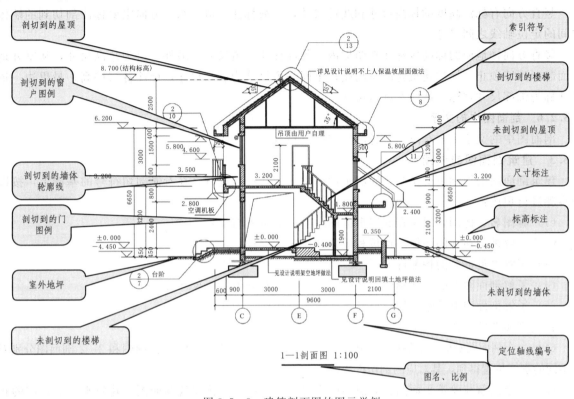

图 3.5－3　建筑剖面图的图示举例

3.5.2.1　比例

常用的建筑剖面图绘图比例为 1∶100。在绘制建筑面积较大的工程图纸时可采用 1∶150、1∶200 的绘图比例，建筑面积较小时可采用 1∶50。通常在一套工程图中建筑平面图、建筑立面图、建筑剖面图采用同比例制图。

3.5.2.2　图例、图线

建筑剖面图中的建筑构配件图例、图线线型及粗细等按建筑制图标准规定绘制〔可参阅单元 1 制图基本知识与技能中的图例、图线等内容，涉及标准有《建筑制图标准》（GB/T 50104—2010）、《房屋建筑制图统一标准》（GB/T 50001—2017）等〕，如图 3.5－4 所示。

3.5.2.3　定位轴线

剖面图只标注剖切到的墙体轴线，编号与平面图的定位轴线相对应一致。

3.5.2.4　剖面图中的符号

（1）标高符号。建筑剖面图中的标高符号与建筑立面图中的标高符号形式相同，以等腰直角三角形表示，且过三角形尖端绘制水平位置线如 ▽3.000，标注在每层室内外不同高度的楼地面位置高度处，内部梁等构件底部等的位置高度处，是相对标高，以 m 为

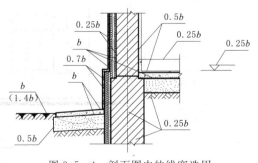

图 3.5－4　剖面图中的线宽选用

单位标到小数点后三位。

（2）索引符号。索引符号根据需要而绘制在需要绘制详图的部位。由于剖面图比例较小，某些部位如墙脚、窗台、过梁、墙顶等节点，不能详细表达，可在剖面图上的该部位处，画上索引符号，以索引出的详图来表示其细部构造尺寸。

3.5.2.5 剖面图中的尺寸

竖直方向有标注高度的标高尺寸和线性尺寸，一般标注三道。水平方向主要标注剖切到的墙体之间的定位轴线之间尺寸。

竖直方向楼地面的标高应标注在图形内。外部标注三道尺寸：最外一道为总高尺寸，从室外地坪面起标到墙顶止，标注建筑物的总高度；中间一道尺寸为层高尺寸，标注各层层高；最里边一道尺寸称为细部尺寸，标注墙段及洞口尺寸。

3.5.2.6 剖面图中的文字

剖面图中的文字主要有图名、各部位构造材料等。

3.5.3 建筑剖面图的识读

建筑剖面图的识读主要是结合底层平面图中的剖切符号进行，在看懂剖切符号的基础上，按以下步骤进行识读：

（1）看图名、比例，对应在底层平面图中找剖切位置与编号。

（2）了解被剖切到的墙体、楼板和屋顶等建筑构配件。

（3）了解可见部分的构配件。

（4）了解剖面图上的尺寸标注：竖向尺寸、标高和其他必要尺寸等。

（5）了解剖面图上的索引符号以及某些构造的用料、做法等。

3.5.2 建筑剖面图的识读（微课视频）

建筑剖面图的识读注意事项：

（1）一个剖面图对应一个剖切位置进行阅读。如图3.5-5所示，1—1剖面图和2—2剖面图分别对应不同的剖切位置得到，其对应的剖切符号在平面图中可以分别找到。

（2）一定注意与建筑平面图、立面图中的尺寸及位置对应读建筑剖面图。建筑平、立、剖的相互关系是符合三面投影图的"长对正、宽相等、高平齐"规律的。

（3）注意阶梯剖切符号对应剖面图的阅读。如图3.5-5所示2—2剖面图，对应的剖切符号就是一个阶梯剖切符号。

（4）建筑剖面图识读过程中需要进一步加强建筑构造知识，同时对建筑空间关系有清晰的认知。

3.5.4 建筑剖面图的绘图步骤与方法

同建筑平面图绘制一样，建筑剖面图的绘制可分为准备、底稿绘制、校核加深图线、标注等四个阶段，如图3.5-6所示。具体步骤如下：

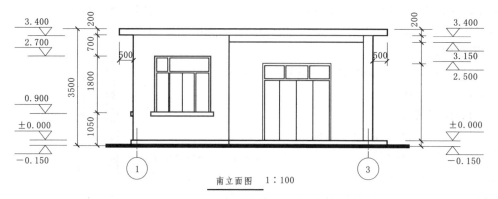

图3.5-5（一）　建筑剖面图与剖切符号的对应

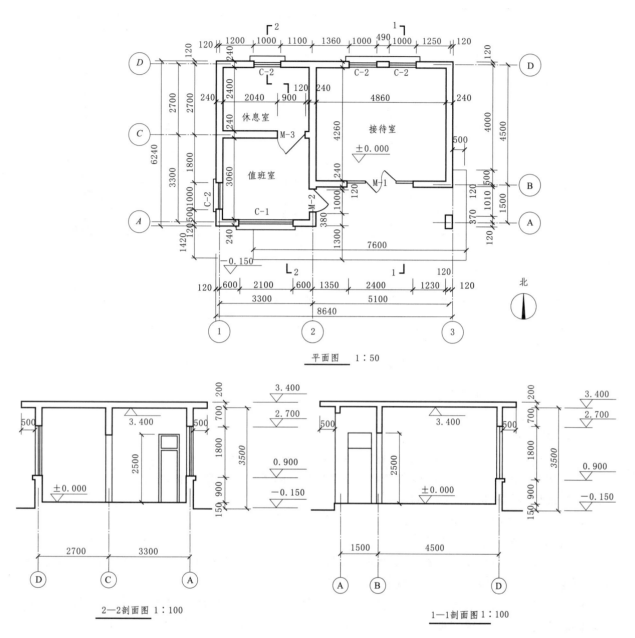

图 3.5-5（二）　建筑剖面图与剖切符号的对应

3.5.4.1　准备阶段

（1）选定比例和图幅。

（2）根据比例估算出图形面积大小，合理均匀布置图面。

3.5.4.2　底稿绘制阶段

（1）用 2H 铅笔依次从下向上依次从下向上画地坪线、楼面线、屋顶线；对照平面图剖切位置依次从左至右画剖切到的墙体定位轴线和轮廓线，如图 3.5-6（a）所示。

（2）对照平面图，用 2H 铅笔画绘制剖切到的墙体轮廓线、楼层线、屋顶构造、构件线等，如图 3.5-5（b）所示。

（3）绘制未剖切到的构件轮廓线和细部等，如图 3.5-6（c）所示。

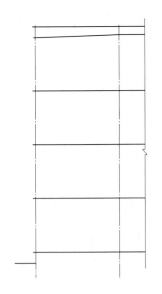 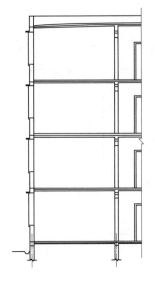 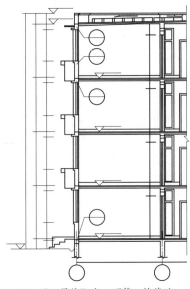

（a）画定位轴线、室内地坪线、室外地坪线、楼面和楼梯平台面、屋面，以及女儿墙的墙顶线

（b）画剖切到的墙身，底层地面架空板、楼板、平台板、屋面板以及它们的面层线，楼梯、门窗洞、过梁、圈梁、窗套、台阶、天沟、架空隔热板、水箱等主要构配件

（c）画可见的阳台、雨篷、检修孔、砖墩、壁橱、楼梯扶手和西边住户厨房的窗套等其他构配件和细部，标注尺寸、符号、编号、说明

图 3.5-6 建筑剖面图的绘制举例

3.5.3 建筑剖面图的绘制（微课视频）

3.5.4.3 校核、加深图线阶段

仔细校核图样底稿，如有问题，应及时解决和更正，在校核无误后，按照图线要求加深图线。

3.5.4.4 标注阶段

（1）标注高度尺寸。用 HB 铅笔标注高度尺寸，如图 3.5-6（c）所示。

（2）用 2H 铅笔绘制必要的标高符号，绘制必要的标高符号、索引符号等。

（3）墙体定位轴线圆圈并注写编号。

（4）进行必要的装修材料文字注写、图名、比例注写等。

建筑剖面图的绘制注意事项：

（1）建筑剖面图的绘制需在读懂建筑平面图中的剖切位置基础上进行，绘制的建筑剖面图墙体、门窗、楼梯、台阶等严格与建筑平面图中相对应。

（2）建筑剖面图是假想将建筑按剖切符号标注的位置经竖直剖切后按正投影原理向一侧投射得到，因此建筑剖面图的绘制难点是不但要绘制建筑断面，还要注意剖切后可视构配件位置和形状大小，同时，注意图例省略画法与制图比例的关系，按照《建筑制图标准》（GB/T 50104—2010）中第 4.4.4 条，不同比例的剖面图，其抹灰层、楼地面，材料图例的画法，应符合下列规定：

1）比例大于 1∶50 的剖面图，应画出抹灰层、保温隔热层等与楼地面、屋面的面层线，并宜画出材料图例。

2）比例等于 1∶50 的剖面图，剖面图宜画出楼地面、屋面的面层线，宜绘出保温隔热层，抹灰层的面层线应根据需要确定。

3）比例小于 1∶50 的剖面图，可不画出抹灰层，但剖面图宜画出楼地面、屋面的面层线。

4）比例为 1∶100～1∶200 的剖面图，可画简化的材料图例，但剖面图宜画出楼地面、屋面的面层线。

5）比例小于 1∶200 的剖面图，可不画材料图例，剖面图的楼地面、屋面的面层线可不画出。

3.6　建筑详图的识读与绘制

3.6.1　建筑详图的形成、作用、命名

在建筑施工图中，由于建筑平面、立面、剖面图通常采用 1∶100、1∶150、1∶200 等较小的比例绘制，表达的是建筑整体情况，反映的内容范围大，对建筑的一些细部（也称为节点）的形状、层次、尺寸、材料的详细构造和做法难以表达清楚。因此，为了满足施工要求，对建筑细部构造需要用较大的比例如 1∶50、1∶30、1∶25、1∶20、1∶10、1∶5、1∶2、1∶1 等将其形状、大小、材料层次和做法，按正投影的画法详细地表达出来，这样的图称为建筑详图，简称详图，也可称为大样图或节点图。

建筑详图是建筑三大基本图样的必要补充。为便于对照读图，建筑详图常常见缝插针地布置在和建筑平面、立面、剖面同一张图纸的旁边空白处。

详图一般以建筑细部的具体构造名称命名，如墙身节点详图、楼梯详图、门窗详图、阳台详图、雨篷详图等。

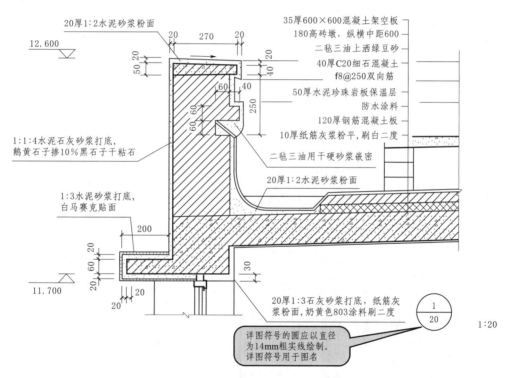

图 3.6-1　以详图符号命名的详图举例

如果详图由图纸中的索引符号引出，详图图名可以用详图符号命名，如图 3.6-1 所示，该图图名为 $\frac{1}{20}$，$\frac{1}{20}$ 的分母说明该图从第 20 张图纸上索引而来。

有时也会将构造名称与详图符号一起使用作为详图命名，如图 3.6-2 所示。此时，详图符号编号与索引符号圆圈内的分子编号是一致的。图中详图编号为①、②，说明详图从本张图纸索引而来。

在同一套图纸中，详图符号与索引符号是一一对应关系，即有一详图符号，必有一索引符号与之相对应；反之，有一索引符号，必能找到一对应的详图符号。

建筑详图的数量视建筑工程的体量大小及难易程度来决定。

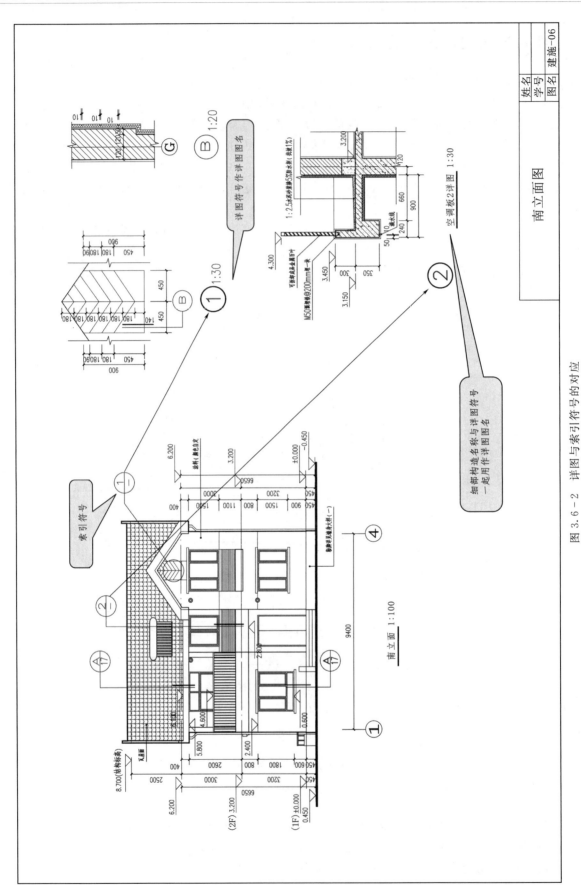

图 3.6－2 详图与索引符号的对应

3.6.1.1　索引符号

索引符号是由直径为 8～10mm 的圆和水平直径组成，圆及水平直径应以细实线绘制，如图 3.6-3 所示。图纸中如果遇到某一局部或构件需要另见详图时，应以索引符号索引，因此，索引符号是出现在图形中的。针对不同情况需要不同的索引符号。

（1）索引部位的详图，如与被索引的详图同在一张图纸内，应在索引符号的上半圆中用阿拉伯数字注明该详图的编号，并在下半圆中间画一段水平细实线，如图 3.6-3（a）所示。

（2）索引部位的详图，如与被索引的详图不在同一张图纸内，应在索引符号的上半圆中用阿拉伯数字注明该详图的编号，在索引符号的下半圆用阿拉伯数字注明该详图所在图纸的编号，如图 3.6-3（b）所示。

（3）索引出的详图，如采用标准图，应在索引符号水平直径的延长线上加注该标准图册的编号，如图 3.6-3（c）所示。

（4）索引符号如用于索引剖视详图，应在被剖切的部位绘制剖切位置线，并以引出线引出索引符号，引出线所在的一侧应为剖视方向，如图 3.6-3（d）～（f）所示。

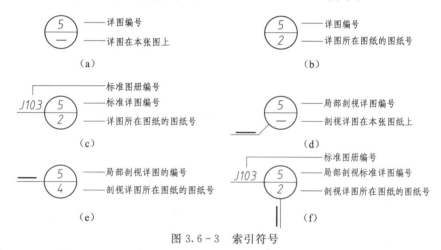

图 3.6-3　索引符号

说明：标准图册是国家或地方颁布的构造设计标准图集，在实际工程中，有的详图可直接引用图集中的有关做法。

3.6.1.2　详图符号

详图符号的圆以直径为 14mm 粗实线绘制，主要出现在详图图名位置，如图 3.6-4 所示。详图应按下列规定编号：

（1）详图与被索引的图样同在一张图纸内时，应在详图符号内用阿拉伯数字注明详图的编号，如图 3.6-4（a）所示。

（2）详图与被索引的图样不在同一张图纸内时，应用细实线在详图符号内画一水平直径，在上半圆中注明详图编号，在下半圆中注明被索引的图纸的编号，如图 3.6-4（b）所示。

图 3.6-4　详图符号

3.6.2　建筑详图的分类

3.6.2.1　墙身节点详图

常见的墙身节点详图主要是表达外墙与地面、楼面、屋面的构造连接情况以及檐口、门窗顶、窗台、勒脚、防潮层、散水、明沟的尺寸、材料、做法等构造情况，如图3.6-5所示。

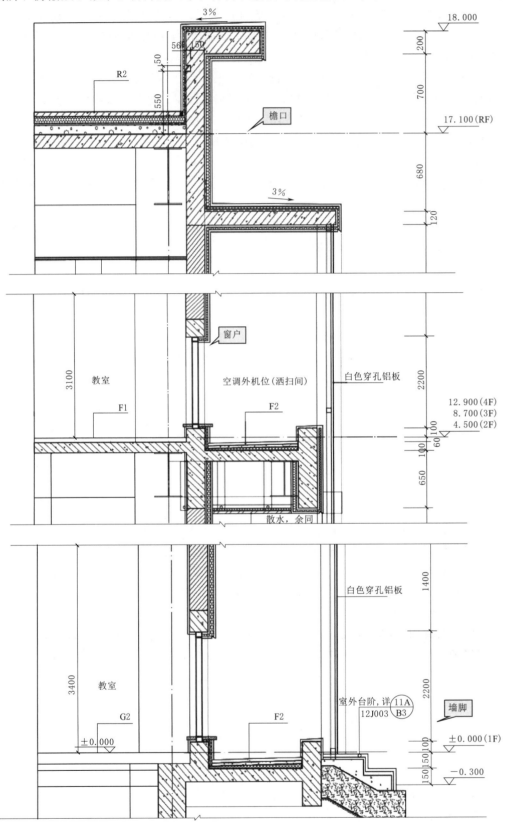

图3.6-5 外墙墙身节点详图组合示意

为节约图纸和表达简洁完整，常在门窗洞口上下口中间断开，同一墙身节点详图可以按节点上下位置对应画成几个节点详图的组合。

外墙墙身详图通常根据底层平面图中的外墙身处的索引符号来绘制，或者根据建筑剖面图中外墙身上索引符号对应的节点位置来绘制。

外墙节点详图常用比例为 1∶20，由于比例较大，各部分的构造如结构层、面层的构造均应详细表达出来，并画出相应的材料图例。绘制过程中，遵循先画主体轮廓后画细部线条的原则，涉及断面时对应画出建筑材料图例原则画图。图线线型遵循建筑剖面图规定，粗细如图 3.6-6 所示。一般主体轮廓线用粗线 b 表达，次要剖切到的轮廓线用中粗线 $0.7b$ 或 $0.5b$ 表达，其他图线如材料图例 $0.25b$ 线等用细线表达。

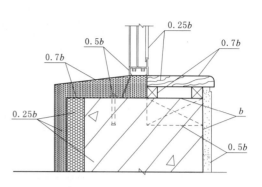

图 3.6-6　外墙详图图线的应用

外墙节点详图中的部位高度标注是与建筑平面图、立面图、剖面图尺寸数据相对应的标高尺寸，节点涉及的水平构造层次如楼板、屋顶檐口等按从下向上顺序以引出线和文字形式标注，竖直构造层次按从左至右顺序以引出线和文字形式标注。

3.6.2.2　楼梯详图

楼梯详图是表达楼梯间详细构造的图样，由楼梯平面图、楼梯剖面图、楼梯节点详图等构成，如图 3.6-7 所示。

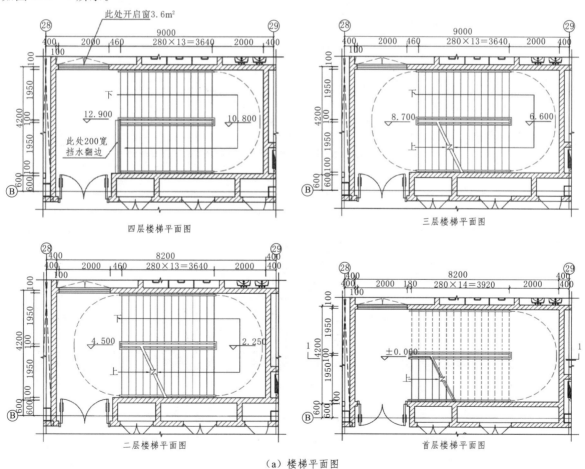

（a）楼梯平面图

图 3.6-7（一）　楼梯详图

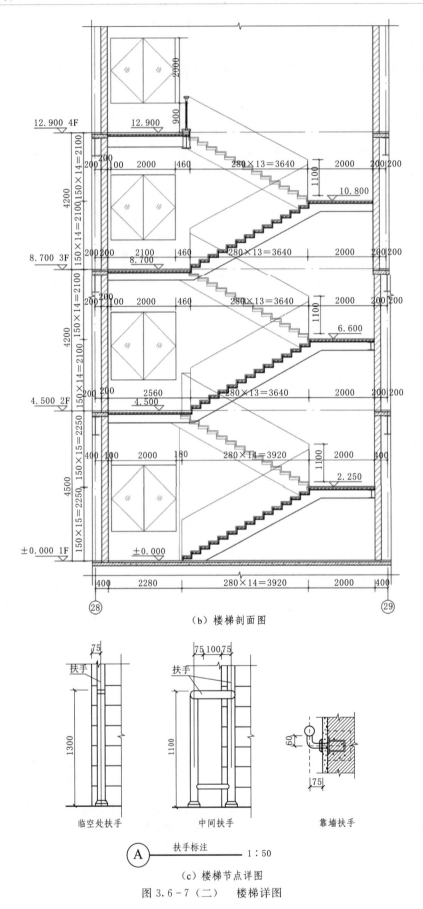

（b）楼梯剖面图

（c）楼梯节点详图

图 3.6-7（二）　楼梯详图

楼梯剖面图中，竖直方向应标出各层楼面、地面、平台面及平台梁下口的标高，剖切到的墙段、门窗洞口尺寸及梯段高度、层高尺寸。**梯段高度应标成：踏步数×踢面高＝梯段高。** 如需画出踢步、扶手等细部详图，则应在对应部位画出索引符号以引出详图，如栏杆（或栏板）高度。

楼梯节点详图如楼梯踏步、楼梯栏杆扶手及连接件详图通常采用索引标准图集的办法满足标准化设计。对于有特殊造型和设计的楼梯踏步、楼梯栏杆扶手及连接件详图须自行绘制，可根据楼梯平面图、楼梯剖面图中的索引符号引出位置对应画出。

楼梯平面图和楼梯剖面图常用比例为 1∶50，节点详图根据需要而定。楼梯详图的图示同墙身详图一样，需考虑比例用正确图例表达。楼梯详图应尽量安排在同一张图纸上，以便阅读。

3.6.2.3　门窗详图

门窗详图由立面图、节点图、断面图和门窗扇立面图等组成。

门窗详图一般分别由各地区建筑主管部门批准发行的各种不同规格的标准图供设计者选用，如图 3.6-8 所示。若采用标准详图，则在施工图中只需说明该详图所在标准图集中的编号即可。如果未采用标准图集时，则必须画出门窗详图。

在施工图设计中门窗详图也常采用门窗表的形式，表中绘制门窗立面形式、详细尺寸、说明材料种类、数量级断面等级、采用图集代号及编号、备注等部分。对于外门窗应注明其水密性、气密性、抗风压、保温隔声性能要求。门窗详图一般都单独集中安排在一张图纸上。有时，门窗详图也会和门窗统计表一起安排在一张图纸上，如图 3.6-9 所示。

图 3.6-8　窗户图集举例

门、窗立面图，常用 1∶20 或 1∶30 的比例绘制，主要表达门窗的外形、开启方式和分扇情况，同时还标出门窗的尺寸及需要画出节点图的详图索引符号。门窗立面详图是门窗详图常见形式。门窗扇向室外开者称外开，反之为内开。按《房屋建筑制图统一标准》（GB/T 50001—2017）规定，门窗立面图上开启方向外开用两条细斜实线表示，如用细斜虚线表示，则为内开。斜线开口端为门、窗扇开启端，斜线相交端为安装铰链端。

3.6.2.4　其他详图

其他详图如卫生间详图、厨房详图、阳台、雨篷、空调板、建筑装饰线脚等细部详图，根据需要按详图较大合适比例绘制即可。其表达方式、尺寸标注和线宽要求等都与前面所述详图大致相同，故不再重复。

3.6.3　建筑详图的识读

建筑详图的识读重点关注以下几方面：

（1）理解详图符号与索引符号的一一对应关系；可由图纸中的索引符号找到对应的详图，进一步了解建筑细部的构造形状、层次、尺寸、材料的详细构造和做法等；反之，可由详图图名找出对应的索引位置。

（2）熟悉常用材料图例表达。

（3）熟悉建筑基本构造组成及构造所处位置。

（4）对于表达构造层次的详图，理解引出线文字与构造层次的对应关系。

如图 3.6-10 所示为某屋顶与女儿墙连接处的节点详图。屋顶的构造层次由上至下用一条竖直引出线通过被引出的屋顶构造各层，在竖直引出线左侧用多条水平线加文字说明的形式依次表达出屋顶由上至下的构造层次，每条水平线加文字对应屋顶的一个构造层次。引出线的文字说明宜注写在水平线的上方，或注写在水平线的端部。当表达墙体等构造层次时，由上至下的文字说明标明的是墙体由左至右的构造层次。

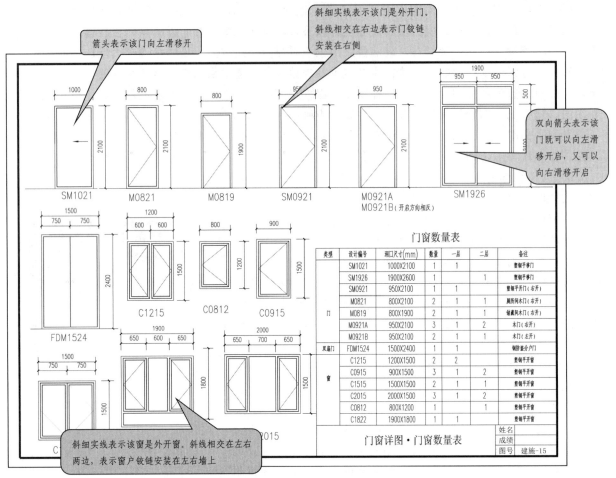

图 3.6-9　门窗详图与门窗统计表布置在一张图纸上

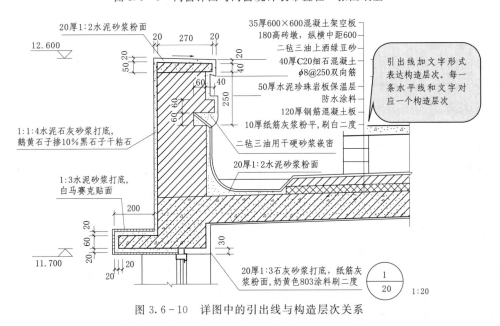

图 3.6-10　详图中的引出线与构造层次关系

如图 3.6-11 所示，引出线是对图样上某些部位引出文字说明、尺寸标注、索引详图等用的，用细实线绘制。可采用水平方向的直线或与水平方向成 30°、45°、60°、90°的直线。

引出文字说明时，文字说明宜注写在横线的上方，也可以注写在横线端部，如图 3.6-

11 (a) ～ (d) 所示；索引详图的引出线，引出线端部应对准索引符号圆心，如图 3.6 - 11 (e) 所示；对于同时引出几个相同部分的共用引出线，引出线应相互平行，也可以画成集中一点的放射状，如图 3.6 - 11 (f)、(g) 所示。

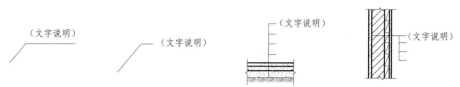

（a）单一部位引出用　（b）单一部位引出用　（c）多层构造引出用如地面　（d）多层构造引出用如墙体

（e）引出索引详图用　（f）引出几个相同部分的共用引出线　（g）引出几个相同部分的共用引出线

图 3.6 - 11　引出线的使用和画法

建筑节点详图的识读一般可按以下步骤进行：

（1）看图名，找出详图表达内容在建筑中的对应位置。

（2）看标高。

（3）看构造层次做法。

（4）看细部尺寸。

（5）其他。

楼梯详图的识读：包括楼梯平面、楼梯剖面、楼梯节点图等的识读。楼梯平面图的识读按以下步骤了解楼梯信息：

（1）了解楼梯间在建筑物中的位置。

（2）了解楼梯间的开间、进深、墙体的厚度、门窗的位置。

（3）了解楼梯段、楼梯井和休息平台的平面形式、位置、踏步的宽度和数量。

（4）了解楼梯的走向以及上下行的起步位置。

（5）了解楼梯段各层平台的标高。

（6）在底层平面图中了解楼梯剖面图的剖切位置及剖视方向。

楼梯剖面图的识读按以下步骤了解楼梯信息：

（1）了解楼梯的构造形式。

（2）了解楼梯在竖向和进深方向的有关尺寸。

（3）了解楼梯段、平台、栏杆、扶手等的构造和用料说明。

（4）被剖切梯段的踏步级数。

（5）了解图中的索引符号，从而知道楼梯细部做法。

通过楼梯节点图等的识读，主要了解楼梯栏杆、踏步、扶手等细部的做法等。

3.6.4　建筑详图的绘制

建筑详图的绘制需要根据详图内容的不同确定画图先后顺序。在先识读的基础上，遵循先画主体轮廓后画细部线条的原则，涉及断面时对应画出建筑材料图例。一般主体轮廓线用粗线 b 表达，次要剖切到的轮廓线用中粗线 $0.7b$ 或 $0.5b$ 表达，其他图线如材料图例等用 $0.25b$ 细线表达，如图 3.6 - 12 所示。

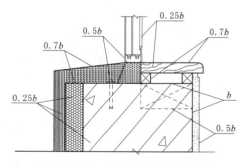

图 3.6 - 12　建筑详图图线的应用

技能实训

目标要求

1. 了解建筑工程施工图的组成与分类。

2. 掌握建筑施工图的图纸内容即编排次序。

3. 熟悉建筑施工图的图示图例、符号等。

4. 了解建筑总平面图的形成方法和用途。

5. 了解建筑平面图、立面图、剖面图的形成、作用。

6. 掌握建筑平面图、立面图、剖面图的图示内容、图示方法、识读与绘制步骤方法等。

7. 理解建筑平面图、立面图、剖面图之间的相互对应关系。

8. 理解建筑平面图、立面图、剖面图与建筑空间的相互对应关系。

9. 了解建筑详图的内容和用途，理解各详图与其他图纸之间的关系。

3.1 建筑图纸基础训练

【任务内容与要求】 完成以下选择题。

1. 某卫生间地面坡度，表达合理的为（　　）。

A. 1：2　　　B. 2：1　　　C. 2%　　　D. 10%

2. 右侧图技训 3.1-1 中的"$6 \times \phi 30$"表示（　　）。

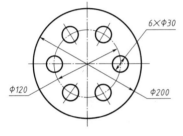

图技训 3.1-1

A. 6 个大小相同的圆形，圆形的直径为 6。

B. 6 个大小相同的圆形，圆形的直径为 30。

C. 6 个大小相同的圆球，圆球的半径为 30。

D. 6 个大小相同的圆球，圆球的直径为 6。

3. 图技训 3.1-2 中关于圆弧尺寸标注正确的是（　　）。

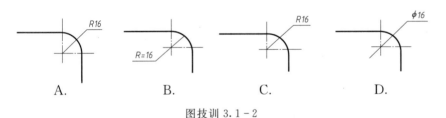

图技训 3.1-2

4. 若一建筑门洞高 2.7m，在 1：100 的建筑图样中，此门洞高的尺寸应标注为（　　）。

A. 2.7　　　　　B. 27　　　　C. 100　　　　D. 2700

5. 下列说法正确的是（　　）。

A. 图形轮廓可以作为尺寸界线　　　　　B. 图形轮廓可以作为尺寸线

C. 图形轮廓可以作为尺寸起止符号　　　D. 尺寸起止符号一律用箭头表示

6. 不可见轮廓线采用（　　）来绘制。

A. 粗实线　　　B. 虚线　　　C. 细实线　　　D. 中实线

7. 工程制图中一般不标注单位，其默认单位是（　　）。

A. mm　　　　B. cm　　　　C. km　　　　D. dm

8. 在工程图中（　　）可用细点画线画出。

A. 可见轮廓线　　　　B. 剖面线　　　　C. 定位轴线　　　　D. 尺寸线

9. 一个完整的尺寸所包含的基本要素是（　　）。

①尺寸界线　②尺寸线　③尺寸起止符号　④尺寸数字

A. ②③④　　　　B. ①②③④　　　　C. ①③④　　　　D. ①②④

10. 当可见轮廓线、不可见轮廓线、轴线、双点画线重叠时，应优先画（　　）。

A. 可见轮廓线　　　　B. 不可见轮廓线　　　　C. 轴线　　　　D. 双点画线

11. 绘制物体假想轮廓线，所用的图线名称是（　　）。

A. 细实线　　　　B. 虚线　　　　C. 点画线　　　　D. 双点画线

12. 按 1∶30 比例绘制某房间窗洞，该窗户实际尺寸为 1200×1800，画出的图线长度为（　　）。

A. 60×90　　B. 1200×1800　　C. 30×90　　D. 40×60

13. 如果用 1∶100 画了一道墙体轮廓线，图纸上绘制的图线长度是 6cm，那么，墙体的实际尺寸为（　　）。

A. 6cm　　　　B. 60cm　　　　C. 60m　　　　D. 600cm

14. 某正方形的面积 400m²，现按 1∶2 绘制成图样后，其图样的正方形面积为（　　）。

A. 200m²　　　　B. 100m²　　　　C. 50m²　　　　D. 400m²

15. 某墙体实际长 33m，现绘制其图样的长度为 330mm，则其绘图比例为（　　）。

A. 10∶1　　　　B. 1∶10　　　　C. 1∶100　　　　D. 1∶1

16. 建筑工程图纸幅面的基本尺寸规定有（　　）种。

A. 2　　　　B. 3　　　　C. 4　　　　D. 5

17. 在建筑总平面图上，（　　）用于表示计划扩建的建筑物或预留地。

A. 中实线　　　　B. 细实线　　　　C. 中虚线　　　　D. 细点画线

18. 在总平面图中，新建房屋底层室内地面与室外整平地面应分别标注（　　）。

A. 相对标高、相对标高　　　　　　　B. 相对标高、绝对标高

C. 绝对标高、绝对标高　　　　　　　D. 绝对标高、相对标高

19. 风玫瑰图上的虚线图形表达的是（　　）。

A. 全年风向　　　　B. 春季风向　　　　C. 夏季风向　　　　D. 冬季风向

20. 标高符号形状为（　　）。

A. 等腰三角形　　B. 等边三角形　　C. 等腰直角三角形　　D. 锐角三角形

21. 建筑总平面图中，新建房屋轮廓用（　　）绘制。

A. 粗实线　　　　B. 中实线　　　　C. 细实线　　　　D. 建筑红线

22. 根据图技训 3.1－3 所示内容回答下列问题。

（1）该建筑的总长是（　　），总宽（　　），内外墙厚是（　　）。

（2）该建筑的东住户东南卧室开间是（　　），进深是（　　）；北卧室开间是（　　），进深是（　　）。

（3）卫生间的开间是（　　），厨房开间是（　　）。

（4）室外台阶的踏面宽是（　　），标高是（　　），花池长（　　），花池宽（　　）。

（5）室外标高是（　　），楼梯间地面标高是（　　），单元门地面标高是（　　），室外散水宽是（　　）。

（6）C1 窗的宽度尺寸是（　　），C2 窗的宽度尺寸是（　　），C3 窗的宽度尺寸是（　　），MC 中的窗宽度尺寸是（　　）。

（7）M1 窗的宽度尺寸是（　　），M4 窗的宽度尺寸是（　　）。

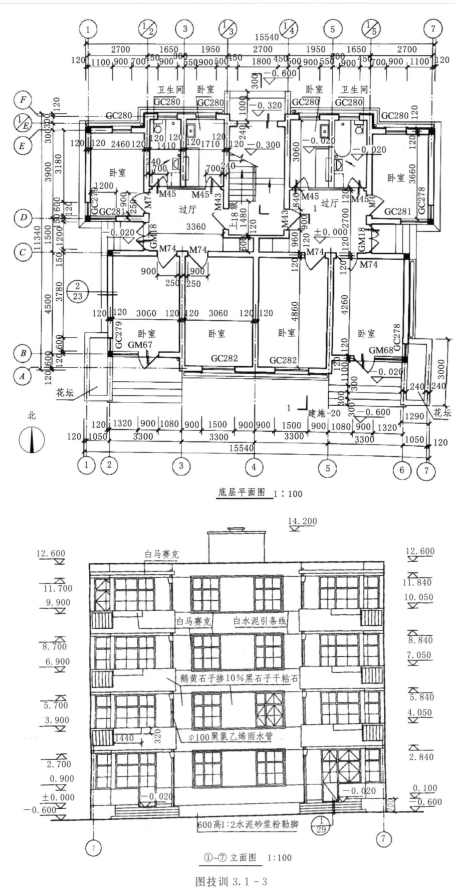

底层平面图 1:100

①~⑦ 立面图 1:100

图技训 3.1－3

(8) 建筑总高度是（　　），屋面标高是（　　）。

(9) 一层窗台标高是（　　），窗顶标高是（　　），窗户高度尺寸为（　　）。

(10) 雨水管的材料是（　　），直径是（　　）。

(11) 阳台护栏外面的装饰材料是（　　）。

(12) 接近屋顶的白马赛克材料是用在（　　）构造处。

(13) 建筑剖面图的图名是以底层平面图中的（　　）符号编号命名的。

(14) 指北针圆圈用细实线绘制，圆的直径一般为（　　）。

A. 3mm　　　　　B. 24mm　　　　　C. 6mm　　　　　D. 12mm

(15) 索引符号的圆和水平线均以细实线绘制，圆的直径一般为（　　）。

A. 3mm　　　　　B. 24mm　　　　　C. 6mm　　　　　D. 10mm

(16) 详图符号的圆以粗实线绘制，圆的直径为（　　）。

A. 14mm　　　　　B. 24mm　　　　　C. 6mm　　　　　D. 10mm

(17) 按制图规定，图中的剖切符号，剖切位置线用粗实线绘制，长为（　　）mm。

A. 3～6　　　　　B. 6～8　　　　　C. 6～10　　　　　D. 4～6

3.2　根据图纸制作模型

【任务内容与要求】　根据某建筑图纸的平、立、剖面，制作出对应的建筑模型，如图技训 3.2 - 1 所示。要求：

(1) 二层以上，图纸自定。

(2) 在确保模型坚固能立得住的原则下，建筑模型材料自定。

(3) 模型底盘为 A2 图幅大小，底盘材料采用图板或硬度高的纸箱板。

【技能指导】　在读懂图纸的基础上进行，注意平、立、剖面图纸的尺寸对应关系。

【模型评判标准】　模型比例合适，模型中的墙、门窗等大小、形状、位置等都符合图纸内容信息。

 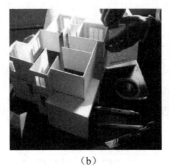 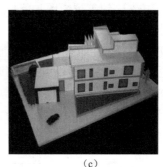

(a)　　　　　　　　　　　(b)　　　　　　　　　　　(c)

图技训 3.2 - 1　建筑模型制作参考

3.3　识读并抄绘建筑图样

【任务内容与要求】　在读懂一套建筑施工图基础上，抄绘其中建筑平面图、立面图、剖面图。具体内容由教师指定或参考附图 A. 1～A. 16 的图样进行。要求：

(1) 搞清建筑施工图图纸之间的关系。

(2) A3 图纸。

（3）比例用 1∶100 或 1∶60 或 1∶80。

（4）图线粗细合理分明。

（5）尺寸数字均用 3 号字，图名用 7 号字，房间名称用 5 号字，字体端正，符合制图要求。

（6）作图准确，图例、符号与尺寸标注规范。

（7）图面整洁，布图均匀美观。

【技能指导】

（1）读图注意事项。阅读图纸时，先通过图纸目录和文字说明搞清建筑施工图图纸的数量、工程名称、地点、层数等工程概况信息。

遵循先整体后局部的原则读图。建筑平面图、立面图、剖面图是表达一个房屋建筑的三大基本图样。各图纸之间相互关联、尺寸数据是相互对应一致的。对于每一张图纸来说，一看标题栏，二看文字，三看图形，四看尺寸。且根据各图纸之间的相互联系、密切配合、反复多遍识读查验数据的一致。

1）看标题栏。即通过图纸右侧或下方的标题栏，了解本张图纸的相关内容信息：建设工程项目名称、图纸内容等。

2）看文字。主要是看设计总说明和每张图纸内的文字说明。设计总说明会说明新建工程的名称、用途、位置、面积、标高、依据等；每张图纸内的文字说明便于更准确了解一些尺寸做法等。

3）看图形。通过识读建筑平、立、剖等主要图形，建立对建筑整体空间状况的感知认识；通过索引符号与详图符号，识读详图，进一步明确建筑的细部构造做法。

4）看尺寸。即通过看尺寸，建立建筑形状、大小的体量感知，并掌握建筑各组成部分的相互关系和位置。

（2）绘图基本步骤方法及注意事项。

1）准备好绘图工具和图纸。

2）熟悉房屋的概况、确定图样比例和数量。

3）合理布置图面，如图技训 3.3-1 所示。注意画线之前预留出尺寸标注的位置。避免挤在图纸一角或一侧或空白很多。

4）用 2H 铅笔按绘图步骤打底稿。相同方向、相同线型尽可能一次画完，以免三角板、丁字尺来回移动。

5）检查无误后，用 2B 铅笔加深图样中的粗线。铅笔加深或描图顺序：先画上部，后画下部；先画左边，后画右边；先画水平线，后画垂直线或倾斜线；先画曲线，后画直线。

6）用 HB 铅笔注写尺寸、图名、比例和各种符号等。

7）注意图样画完后的图面清洁，擦去不必要的作图线和脏痕。

8）填写标题栏，完成图样。

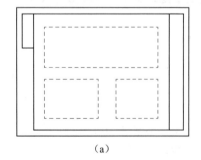 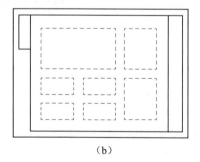

（a）　　　　　　　　　　　　　　　（b）

图技训 3.3-1　合理布置图面参考

【建筑平、立、剖面绘制练习评判标准】　建筑平、立、剖面绘制图样参考如图技训 3.3－2 所示。主要从以下 6 个方面评判：

（1）图纸布局是否均匀妥当。

（2）图形比例运用是否合理。

（3）图线粗细表达是否合理。

（4）尺寸标注是否规范合理。

（5）字体书写是否规范整齐。

（6）图例符号是否正确表达。

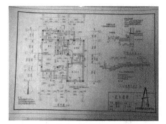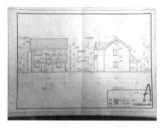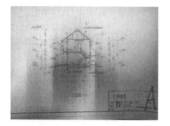

（a）建筑平面图　　　　　　　　（b）建筑立面图　　　　　　　　（c）建筑剖面图

图技训 3.3－2　建筑平、立、剖面绘制图样参考

3.4　建筑测绘

【任务内容与要求】　选择某小型建筑（如门卫值班室等）进行测绘。

要求：分组完成测绘，绘制出该建筑对应的建筑平、立、剖面图样。

【技能指导】

（1）测绘前需准备好以下两项工作：①钢卷尺（3～5m）、若干草稿纸、两种颜色绘图笔等；②徒手用线条画出成比例的现场建筑对应的平面、立面轮廓草图等，以便准确标注出建筑门窗位置图形尺寸，如图技训 3.4－1 所示。

（2）在草图基础上整理好数据，绘制建筑对应的建筑平、立、剖面图样。

（3）小组成员需团结协作，确保建筑平、立、剖面图样之间数据的对应统一。

【测绘评判标准】

（1）图纸表达内容符合所测建筑信息，且表达完整。图面布局得当整洁，图形比例运用合理，图线粗细表达符合线宽组要求，图例符号应用恰当。

（2）尺寸标注规范合理，字体书写规范整齐。

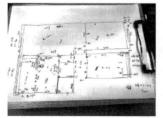

图技训 3.4－1　测绘准备

3.5 补图训练

【任务内容与要求1】 已知某单层平屋顶建筑平面图如图技训3.5-1所示。其中，窗洞口高度取1500mm，窗台距离室内地面900mm，门洞口高度和窗洞口上方平齐，门窗洞口上方距离屋顶挑檐400mm，屋顶挑檐高取200mm，挑檐距离墙面宽600mm。室外每个台阶高150mm。请根据图示信息，绘图比例自定，用A3图幅的图纸绘制：

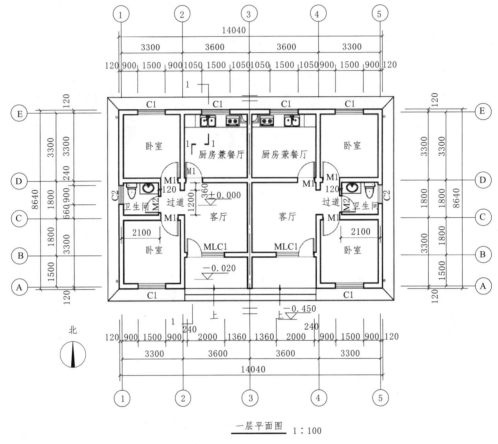

一层平面图 1:100

图技训3.5-1 平屋顶建筑平面图

（1）该建筑的南立面图、西立面、东立面、北立面。

（2）1—1剖面图。

【技能指导】

（1）理解搞清立面图与平面图之间、剖面图与平面图之间的对应关系。

（2）先结合已知文字信息和平面图中的门窗、台阶等位置，根据平面图中的指北针确定出对应的南立面图、西立面、东立面、北立面。

（3）在立面图已补出情况下，根据平面图中剖切符号对应剖切位置的理解，确定出剖切的门窗位置、高度尺寸等，进而画出1—1剖面图。

（4）画出草稿基础上进一步准确规范作图。

（5）立面图注意两端定位轴线编号与平面图的一致性。

（6）剖面图墙体、门窗等位置注意与平面图墙体、门窗等对应，相关高度信息注意与立面图对应一致。

（7）注意立面图与剖面图的命名正确规范。

【补绘图样评判标准】

（1）图纸表达内容符合给定建筑信息，且表达完整、准确。

（2）图面布局得当整洁，图形比例运用合理，图线粗细表达符合线宽组要求，图例符号应用恰当，尺寸标注规范合理，字体书写规范整齐，符合建筑制图标准。

（3）立面图与剖面图的图名正确规范。

【任务内容与要求 2】 请根据图技训 3.5－2 所示南立面图和平面图信息解读，用 A3 图幅绘制出该建筑对应的东立面图、北立面图、1—1 剖面图。

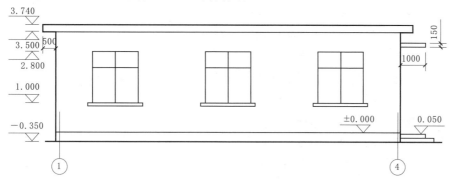

南立面图　1：100

注：

1. M1和M2，高均为2700。

2. 窗台厚度和突出部分均为120。

3. 雨篷长度为2700。

4. 四周屋檐均为500。

5. 三号轴线处有一横梁，梁高240，梁宽240。

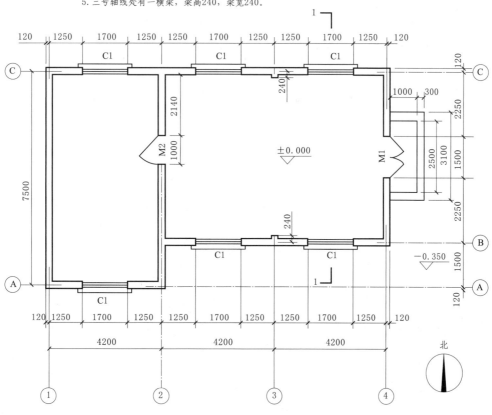

平面图　1：100

图技训 3.5－2　南立面及平面图图

（1）绘图比例 1∶100。

（2）比例运用合理。

（3）图线粗细运用合理。

（4）尺寸标注位置合理、正确。

（5）定位轴线位置编号等合理正确。

（6）图名、比例书写规范，位置合理。

（7）图名用 7 号字，尺寸数字用 3 号字，房间名称等用 5 号字。

【技能指导】

（1）理解搞清立面图与平面图之间、剖面图与平面图之间的对应关系。

（2）先结合已知文字信息和平面图中的门窗、台阶等位置，根据平面图中的指北针确定出对应的南立面图、西立面、东立面、北立面。

（3）在立面图已补出情况下，根据平面图中剖切符号对应剖切位置的理解，确定出剖切的门窗位置、高度尺寸等，进而画出 1—1 剖面图。

（4）画出草稿基础上进一步准确规范作图。

（5）立面图注意两端定位轴线编号与平面图的一致性。

（6）剖面图墙体、门窗等位置注意与平面图墙体、门窗等对应，相关高度信息注意与立面图对应一致。

（7）注意立面图与剖面图的命名正确规范。

【补绘评判标准】

（1）图纸表达内容符合给定建筑信息，且表达完整、准确。

（2）图面布局得当整洁，图形比例运用合理，图线粗细表达符合线宽组要求，图例符号应用恰当，尺寸标注规范合理，字体书写规范整齐，符合建筑制图标准。

（3）立面图与剖面图的图名正确规范。

单元 4　装饰施工图的识读与绘制

学习导图

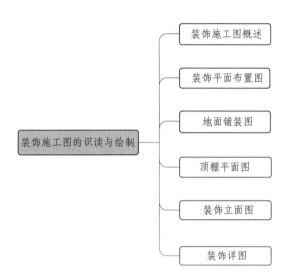

```
                            ┌─────────────────┐
                        ┌───│ 装饰施工图概述    │
                        │   └─────────────────┘
                        │   ┌─────────────────┐
                        ├───│ 装饰平面布置图    │
                        │   └─────────────────┘
  ┌──────────────────┐  │   ┌─────────────────┐
  │ 装饰施工图的识读与绘制 │──┼───│ 地面铺装图        │
  └──────────────────┘  │   └─────────────────┘
                        │   ┌─────────────────┐
                        ├───│ 顶棚平面图        │
                        │   └─────────────────┘
                        │   ┌─────────────────┐
                        ├───│ 装饰立面图        │
                        │   └─────────────────┘
                        │   ┌─────────────────┐
                        └───│ 装饰详图          │
                            └─────────────────┘
```

知识与技能

4.1　装饰施工图概述

4.1.1　装饰施工图的组成

装饰施工图是利用正投影的作图方法表达装饰件（面）的材料及其规格、构造做法、饰面颜色、尺寸标高、施工工艺以及与建筑构件的位置关系和连接方法等的图纸。装饰施工图是装饰施工和管理的依据，主要内容包括：①图纸目录；②施工说明；③装饰平面布置图；④地面铺装图；⑤顶棚（天花）平面图；⑥各向立面图（墙柱装修立面图）；⑦装修细部结构的节点详图（家具图）。

其中，图纸目录如图 4.1-1 所示。主要以表格形式体现图纸的编号、图纸内容等，便于图纸查找。施工说明主要以文字形式体现：①工程概况；②设计依据；③设计说明；④工艺做法等。

4.1.2　现行国家建筑装修制图标准

装饰施工图的识读与绘制须遵循国家建筑装修制图标准。现行国家建筑装修制图标准是《房屋建筑室内装饰装修制图标准》（JGJ/T 244—2011）。

4.1.3　行为空间尺度

在装饰装修设计中，必须考虑必要的"家具设施尺度""人体行为动作尺度""心理舒适尺度"等占用空间范围大小，才能满足装饰装修带来的舒适愉悦。常见家具设施尺寸如图 4.1-2～图 4.1-4 所示。人的起居行为单元和进餐行为单元所占用空间尺寸，如图 4.1-5、图 4.1-6 所示。

序号	图纸编号	图纸内容	图幅	备注
01		封面	A2	
02	MR-ML	目录	A2	
03	MR-SM	施工说明（一）	A2	
04	MR-SM	施工说明（二）	A2	
05	MR-P-01	样板间平面索引图/平面布置图	A2	
06	MR-P-02	样板间天花尺寸图/天花布置图	A2	
07	MR-P-03	样板间墙体定位图/地面材质图	A2	
08	MR-P-04	样板间电气点位图	A2	
09	MR-E-01	样板间E1、E2、E4、E6立面图	A2	
10	MR-E-02	样板间E3、E5立面图	A2	
11	MR-E-03	样板间E7、E8、E9、E10立面图	A2	
12	MR-S-01	样板间节点图（一）	A2	
13	MR-S-02	样板间节点图（二）	A2	
14	MR-S-03	样板间节点图（三）	A2	
15	MR-S-04	样板间节点图（四）	A2	
16	MR-S-05	样板间节点图（五）	A2	
17	MR-S-06	样板间节点图（六）	A2	

图 4.1-1 装饰施工图图纸目录举例

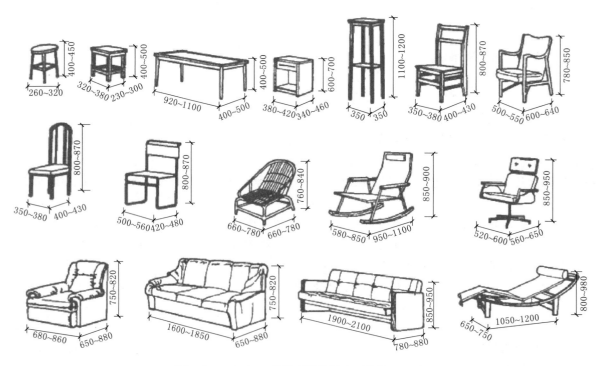

图 4.1-2（一） 常见家具的尺寸（单位：mm）

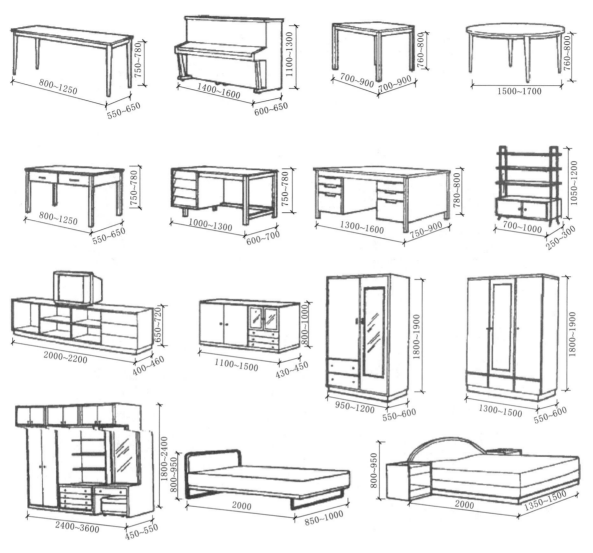

图 4.1-2（二）　常见家具的尺寸（单位：mm）

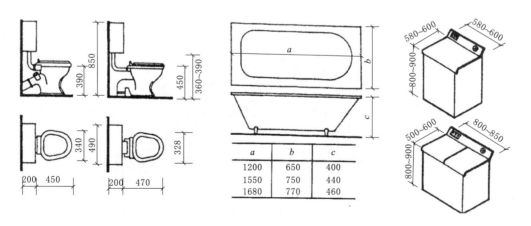

图 4.1-3　常用卫生间设施尺寸（单位：mm）

a	b	c
1200	650	400
1550	750	440
1680	770	460

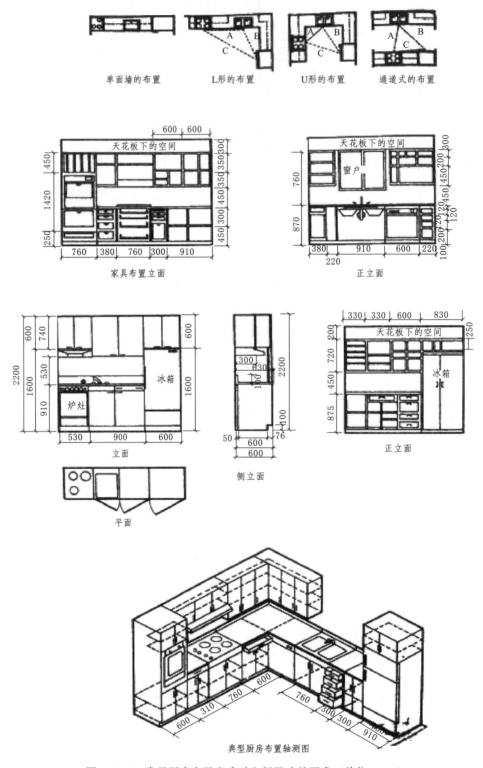

图 4.1-4　常见厨房布置方式对空间尺寸的要求（单位：mm）

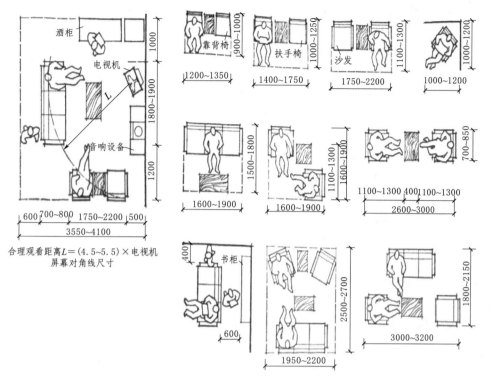

图 4.1-5　人的起居行为单元空间尺寸（单位：mm）

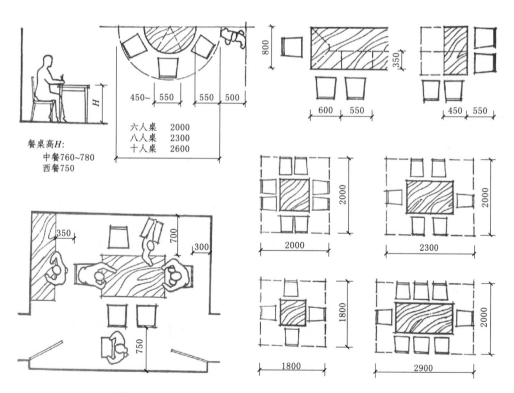

图 4.1-6　人的进餐行为单元空间尺寸（单位：mm）

4.2 装饰平面布置图

4.2.1 装饰平面布置图的形成及作用

装饰平面布置图的形成同建筑施工图中建筑平面图的形成一样，是假想一水平剖切面沿窗台之上高度将房屋剖切开后，移去处于剖切平面上方的房屋，将留下的部分按俯视方向在水平投影面上作正投影所得到的图样。和建筑平面图相比，装饰平面布置图从建筑功能分区和装饰艺术创新且富于个性的角度出发，提出对室内空间的合理利用，主要利用装饰平面图图例的形式，图示出房间内部家具、陈设、设备、绿化、饰面材料等的摆放位置，在表达内容上比建筑平面图更为精细，如图4.2-1所示。

装饰平面布置图是进行家具、设备购置、材料购置以及装饰施工的编制依据。

4.2.2 装饰平面布置图的图示内容

如图4.2-2所示，装饰平面布置图的图示内容要点如下：

（1）图名及比例。

（2）装饰空间的平面结构形式、尺寸。

（3）各功能空间的家具、家电的形状和位置。

（4）各功能空间的设施如厨房橱柜、操作台和卫生间的洗手台、浴缸、马桶等形状和位置。

（5）隔断、绿化、装饰构件、装饰小品的位置。

（6）地面装饰的位置、形式、规格、要求（根据复杂程度可另外图示）。

（7）相关符号标注及相关的装修尺寸。

（8）对材料、工艺必要的文字说明。

4.2.3 装饰平面布置图的识读步骤与方法

装饰平面布置图识读前请做好如下准备：

（1）理解装饰平面布置图的形成原理。

（2）熟悉常用的建筑构配件图例。

（3）熟悉常用的装饰平面布置图图例，如图4.2-3所示。

装饰平面布置图识读步骤与方法具体如下：

（1）读图名，了解该图是哪个楼层的或某户型的或某个房间的。

（2）如果是某层的装饰平面布置图或某户型的装饰平面布置图，此时，读各个房间的名称，便于对各功能空间对装饰面的要求，对工艺的要求做到心中有数。

（3）读轴线编号，了解装饰空间的建筑结构类型是框架结构还是混合结构，并依次了解各装饰房间在整个建筑物中的位置。

（4）读建筑构造的图例、图形和标注，了解与装饰空间关联的建筑构配件（如门窗、楼梯等）位置、形状和尺寸。

（5）读装饰平面图例、图形和标注，了解装饰空间中的装饰件（面）名称、材料、形状、尺寸，以及与建筑构配件之间的关系。

（6）读图中符号，如内视符号、索引符号、剖切符号、标高符号等，以便了解对应空间的立面图投影方向、详图索引部位、剖切位置、装饰空间内各位置的高差变化等。其中，内视符号对于引出对应的装饰立面图很重要，有单面、双面、四面以及带立面索引的内视符号，绘制时圆圈用细实线绘制，其直径为8~12mm，如图4.2-4所示。

（7）读图中文字说明，了解设计者意图。

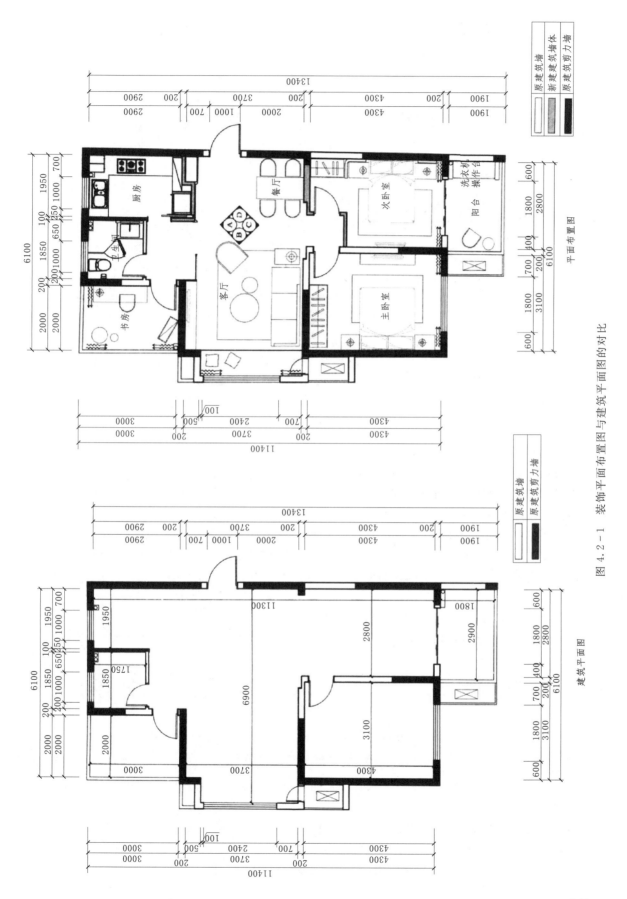

图 4.2 - 1　装饰平面布置图与建筑平面图的对比

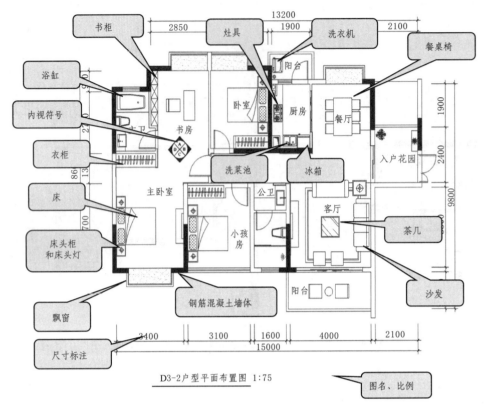

图 4.2-2　装饰平面布置图图示内容举例

4.2.4　装饰平面布置图的绘制步骤与方法

装饰平面布置图的绘制主要是在建筑平面图的墙体结构基础上，添加室内各房间家具设施进行装饰件的绘制，并进行相关的装饰尺寸标注、文字标注、图名注写等，如图 4.2-5 所示。具体绘制步骤与方法如下：

（1）选比例、定图幅。常采用比例为 1∶100～1∶50。

（2）根据建筑平面图或现场测绘的数据依次画出轴线、墙或柱、门窗洞口的底稿线。

图 4.2-3　装饰平面布置图部分图例

（a）单面内视符号　（b）双面内视符号　（c）四面内视符号　（d）带索引的内视符号

图 4.2-4　内视符号

（3）划分地面铺装分格线（地面铺装图案简单时可与平面布置图合并一起画），绘制固定设备形状（如卫生洁具等）。

（4）绘制可移动的家具、家电、绿化、装饰构件、陈设品的形状及位置（只需要按照比例按图例绘制，符合人体"行为单元"所占的空间范围即可，不必要标注尺寸。

（5）校核图样，无误后加深整理图线（建筑主体结构墙或柱用粗实线；家具、设施和装饰构件

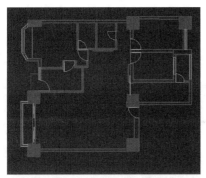
（a）先绘制出建筑平面结构

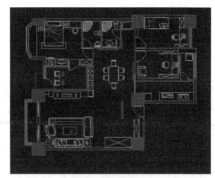
（b）添加各房间家具设施

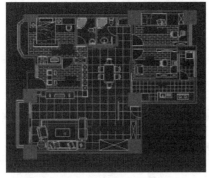
（c）添加各房间地面铺装

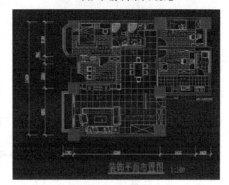
（d）尺寸标注、文字标注等

图 4.2-5 装饰平面布置图的绘制步骤与方法举例

造型轮廓线用中实线；其他轮廓线如图案等用细实线表示）。

（6）标注尺寸、标注符号如剖切符号、详图索引符号、室内内视符号等。

（7）书写图名、文字说明。

4.3 地面铺装图

4.3.1 地面铺装图的形成及作用

地面铺装图的形成原理同装饰平面布置图基本相同，均为作水平正投影得到的。与装饰平面布置图不同的是，地面铺装图主要表达各功能空间的块材地面的铺装形式，以及地面装饰图案、造型的形状与尺寸、地面材料的名称规格、色彩、铺贴顺序方式、工艺等。

当地面铺装情况比较简单时，可以将地面铺装合并在装饰平面布置图表达，如前面的图 4.2-5；但当地面铺装情况比较复杂时，地面铺装图就必须单独绘制。

地面铺装图是地面铺装施工的依据，也是地面材料采购的参考图样。

4.3.2 地面铺装图的图示内容

如图 4.3-1 所示，地面铺装图的图示内容要点如下：

（1）图名、比例。

（2）墙柱平面结构、门窗洞口。

（3）室内固定设施与地漏。

（4）块材铺装形式、拼花图案造型、铺贴顺序等。

（5）注明所地面装饰面层选用的材料名称、规格、颜色等。

（6）地面标高、坡度方向和坡度值。

（7）铺装的房间尺寸；有特殊要求的还要注明工艺做法等。

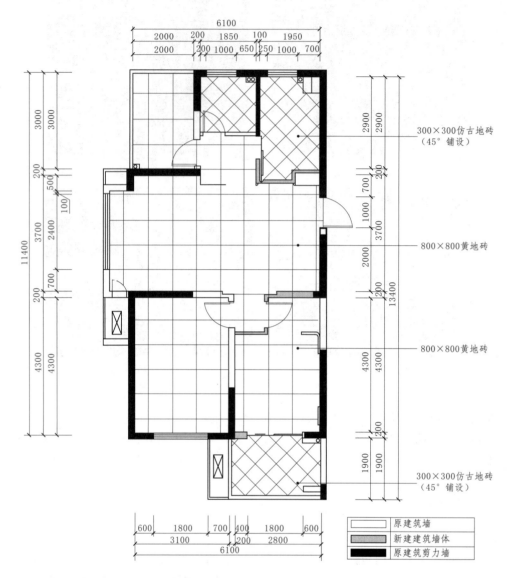

300×300仿古地砖
（45°铺设）

800×800黄地砖

800×800黄地砖

300×300仿古地砖
（45°铺设）

原建筑墙
新建建筑墙体
原建筑剪力墙

图 4.3-1　地面铺装图图示内容举例

地面铺装图的识读步骤与方法具体如下：

（1）读图名，了解该图是哪个楼层的或某户型的或某个房间的。

（2）读房间对应的地面铺装材料名称、规格、颜色。

（3）从标高和坡度方向、坡度值了解地面高差及坡度要求。

（4）从尺寸标注和固定设施等了解实际地面铺贴面积。

（5）对复杂地面铺装图案的详图进行阅读，了解详细尺寸与做法。如图 4.3-2 所示的某走廊地面拼花图案，详细地表示了走廊地面图案的详细尺寸与做法。

（6）读相关文字说明，了解相关的施工工艺做法要求。

4.3.3　地面铺装图的绘制步骤与方法

地面铺装图的绘制步骤与方法同装饰平面布置图基本相同，即在建筑墙体、柱子结构平面基础上，划分地面铺装分格线，绘制固定设备形状（如卫生洁具等），用引出线加文字的形式表明地面材料名称、规格、颜色，标注相关尺寸、标注标高、坡度等，最后书写图名、文字说明。

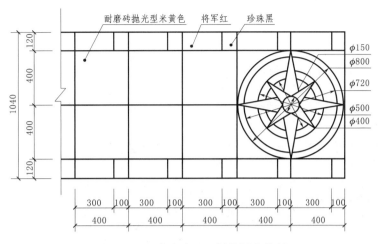

图 4.3-2　某走廊地面拼花图案举例

4.4　顶棚平面图

4.4.1　顶棚平面图的形成及作用

顶棚平面图的形成原理如图 4.4-1 所示。即假想从房屋门窗洞口上方沿水平方向剖切后，对剖切平面上方的部分作镜像水平正投影所得到的图样（将顶棚相对的地面看作是一面大镜面，顶棚的形象如实地映照在镜面上，此时，映照在镜面的顶棚图像就是顶棚的镜像正投影）。

由于顶棚平面图的形成是由镜像映照作正投影得到，所以顶棚平面图的命名如"×××顶棚平面图（镜像）1:50"所示，在图名后需加"（镜像）"字样。

对于同一个空间来说，顶棚平面图和装饰平面布置图相比，房间主体结构表达是完全一样的，只是结构房间内部内容表达不同，门的投影绘制略有不同，如图 4.4-2 所示。

顶棚平面图是进行顶棚材料准备和施工、顶棚灯具及其他设备等购置和安装的依据。完整的顶棚施工图应包括顶棚平面图、节点详图、装饰详图等。

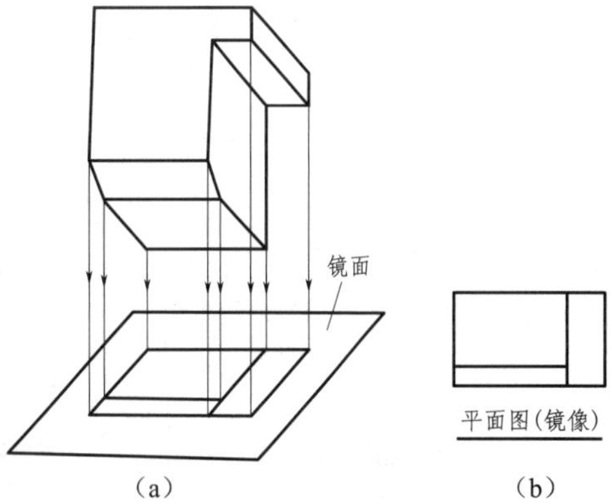

图 4.4-1　顶棚平面图的形成原理

4.4.2　顶棚平面图的图示内容

顶棚平面图主要用投影线和图例表达顶棚造型、构造形式、材料要求、灯具位置、数量、规格以及顶棚上设置的其他设备如空调、消防情况等内容，如图 4.4-3 所示。

顶棚平面图图示内容要点如下：

（1）图名、比例。

（2）墙柱平面结构，门窗位置。

（3）顶棚造型、构造形式、材料要求及其定形、定位尺寸，吊顶标高。

（4）灯具类型、规格、数量、位置。

（5）顶棚上有关附属设施如空调系统的风口，消防系统的烟感报警器和喷淋头，多媒体投影机、音响系统等的外露件规格、位置等。

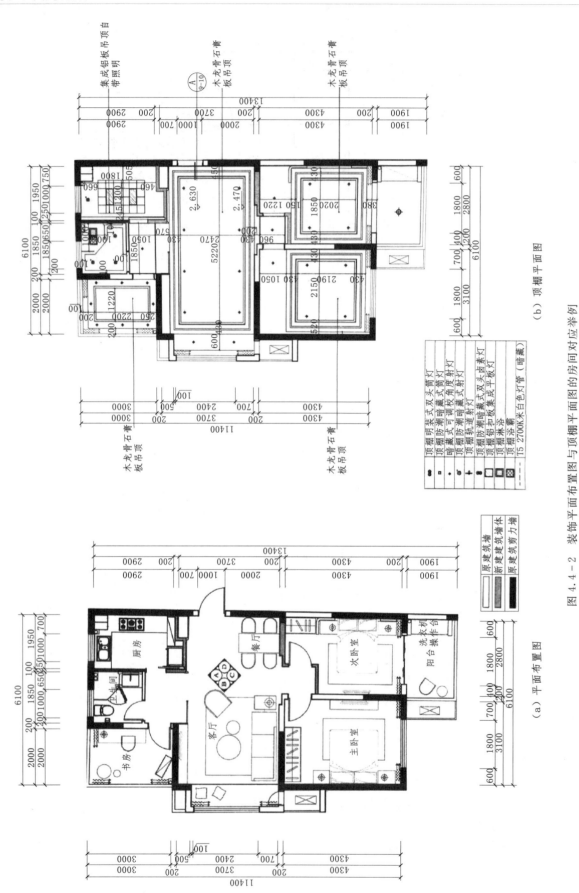

（b）顶棚平面图

（a）平面布置图

图 4.4－2　装饰平面布置图与顶棚平面图的房间对应举例

（6）窗帘的图示位置。

（7）节点详图的索引符号、剖切符号或断面符号等。

（8）房间轴线间尺寸或净长尺寸标注。

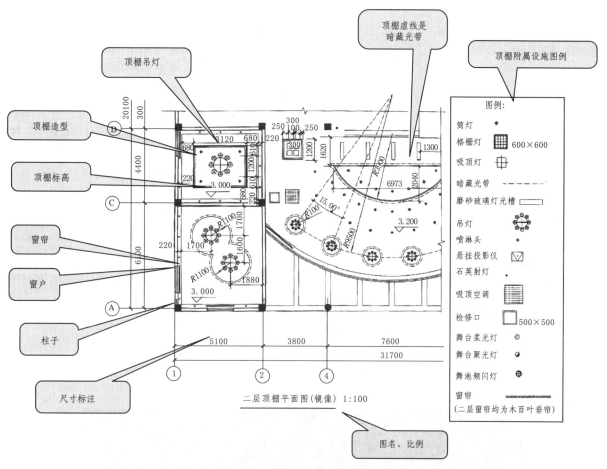

图 4.4-3　顶棚平面图图示内容举例

4.4.3　顶棚平面图的识读步骤与方法

（1）读图名与轴线编号，了解该顶棚平面图与装饰平面图的房间对应关系。

（2）通过投影图线，读顶棚的装饰造型形式、尺寸、装修方法、标高，如果是某层的顶棚平面图或某户型的，要按房间顺序依次识图。

（3）通过灯具图例，读顶棚上灯具的类型、规格、数量和位置。灯具图例一般会以表格或其他形式绘制在顶棚平面图附近，如图 4.4-4 所示。

（4）通过其他附属设施图例，读有关的附属设施情况。如空调风口、消防报警系统、多媒体音响系统、投影机、吊扇、窗帘等的外露件规格、位置等。

（5）读（顶棚节点详图的）索引符号、剖面符号或断面符号，查阅相关详图，以进一步了解索引部位、剖切部位的构造做法等。

（6）读相关的文字说明。

4.4.4　顶棚平面图的绘制步骤与方法

顶棚平面图是主要在建筑平面图墙体结构基础上，加入了顶棚材料和装饰件的名称、规格、尺寸位置以及顶棚底面的标高等。具体绘制步骤与方法如下：

名 称	图 例	名 称	图 例
艺术吊顶		格栅射灯	
吸顶灯		300×1200 日光灯 （光灯管以虚线表示）	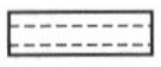
射墙灯		600×600 日光灯	
冷光筒灯 （注明）			
暖光筒灯 （注明）		暗灯槽	
射 灯		壁 灯	

图 4.4-4 顶棚平面灯具图例表格举例

（1）选比例、定图幅。比例同装饰平面布置图。

（2）依次画出轴线、墙或柱、门窗洞口的底稿线。

（3）绘制顶棚的装饰造型形状尺寸（包括浮雕、线脚等，浮雕、线脚用示意法绘制即可）。

（4）按规定图例绘制顶棚上有关的附属设施如灯具、空调风口、消防报警系统及音响系统的位置、窗帘盒的图示位置等。

（5）校核图样，无误后加深整理图线（建筑主体结构墙或柱用粗实线；设施和顶棚装饰构件造型轮廓线用中实线；其他轮廓线、图案等用细实线表示）。

（6）标注尺寸、标注符号如标高符号、剖切符号、详图索引符号等。

（7）书写图名、文字说明。

4.5 装饰立面图

4.5.1 装饰立面图的形成及作用

装饰立面图分为两大类：外观装饰立面图、室内各向立面图。

对于外观装饰立面图来说，常见的有店面门头装饰立面图、新改造的建筑外观装饰立面图等，如图 4.5-1 所示。外观装饰立面图形成同建筑立面图。

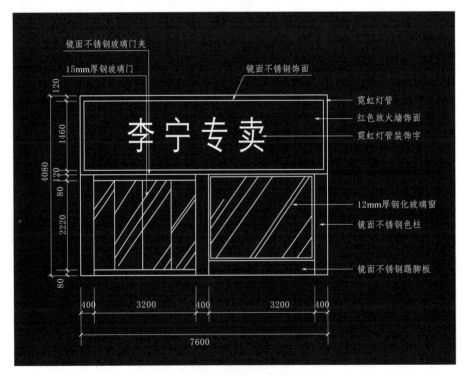

图 4.5-1 外观装饰立面图举例

对于室内各向立面图来说，则有两种表现形式：

（1）剖面图形式。适用于房间有吊顶的复杂情况，是假想将房间沿着门窗洞口部位进行竖直方向的剖切，移走一部分，作剩余另一部分的正投影而得。此时，图样不仅反映室内墙、柱面的装饰造型、材料规格、色彩与工艺，还反映出墙、柱与顶棚之间的相互联系、吊顶的做法等，如图 4.5－2（a）所示。绘制时需要画出被剖切到的侧墙和顶部的楼板和顶棚等。

（2）立面图形式。适用于房间不设吊顶的情况，是假想人站在房间内，面对某方向墙、柱面直接作正投影而得。此时，图样仅重点突出地面以上，顶棚以下的墙、柱面装饰内容，不能反映墙、柱与顶棚之间相互联系的全貌，如图 4.5－2（b）所示。绘制时不需要侧墙和顶部的楼板和顶棚等。

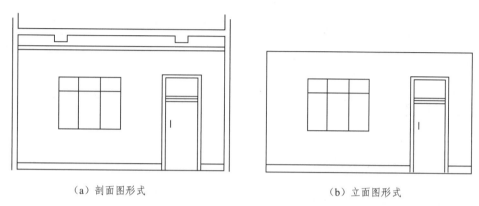

（a）剖面图形式　　　　　　　　　　　（b）立面图形式

图 4.5－2　室内立面图表达形式举例

室内立面图的命名方式具体如下：

（1）一般以装饰平面图中的内视方向命名的，如客厅 A 向立面图、客厅 B 向立面图等。

（2）用立面相关范围的轴线命名，如②～③立面图。

（3）直接用立面或装饰物名称命名，如屏风立面、主卧室电视墙立面等。

（4）以指北针方向为准，采用"东、西、南、北"给立面图命名，如主卧室南立面。室内立面图是进行墙面装饰施工和墙面装饰物布置等工作的依据。

4.5.2　室内立面图的图示内容

如图 4.5－3 所示，室内立面图的图示内容要点如下：

（1）图名、比例。

（2）墙、柱面的装饰造型、材料规格、色彩与工艺做法。

（3）墙、柱面的装饰物如挂画、镜子等位置、形状。

（4）紧挨墙、柱面的家具陈设立面投影。

（5）有吊顶的剖面图形式，图示出墙、柱与顶棚之间的相互联系，吊顶标高、材料做法等。

（6）必要的位置尺寸，墙、柱面长度、高度尺寸等。

（7）必要的索引符号、剖切符号等。

4.5.3　室内立面图的识读步骤与方法

（1）读图名、比例，与装饰平面图中的内视符号对照，明确该立面图所示墙面在房间中的位置及投影对应关系。

（2）看墙柱面上的装饰造型，了解该向立面包含哪些装饰面构件，以及它们的材料规格、构造做法、颜色等。

（3）与装饰平面图对照识读，了解室内家具、陈设、壁挂等的立面造型。

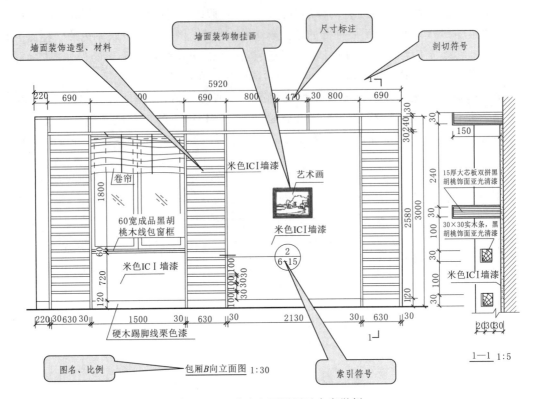

图 4.5-3　室内立面图图示内容举例

（4）根据图中尺寸、文字说明，了解室内家具、陈设、壁挂等的规格尺寸、位置尺寸、装饰材料和工艺要求。

（5）看吊顶构造和尺寸，了解顶部与墙身的联系。

（6）看尺寸标注和标高，了解立面的总宽、总高，了解各装饰件（面）的形状尺寸和定位尺寸。

（7）读索引符号、剖切符号，查阅对应的详图、剖面详图等有关图纸，了解对应细部构造做法。如立面图中各不同材料饰面之间的衔接收口方式、工艺材料；装饰结构与建筑结构的衔接方法和固定方式等。

4.5.4　室内立面图的绘制步骤与方法

（1）选比例、定图幅；不复杂的立面，可采用比例 1:100～1:50；较复杂的立面，可采用比例 1:50～1:30；复杂的立面，可采用比例 1:30～1:10。

（2）画出地面、楼板位置线及墙面两端的定位轴线等。

（3）画出吊顶造型轮廓、墙裙、踢脚分界线。

（4）画出墙面的主要造型轮廓线。

（5）画出墙面次要轮廓线。

（6）画出门窗、隔断等设施的高度尺寸线。

（7）画出绿化、组景、设置的高低错落位置线。

（8）校核图样，无误后加深整理图线（地坪线用加粗线，建筑主体结构的梁、板、墙剖面轮廓用粗实线；门窗洞口、吊顶轮廓、墙面主要造型轮廓线用中实线；其他次要的轮廓线如装饰线、浮雕图案等用细实线表示）。

（9）标注尺寸、标注符号如剖面符号、详图索引符号等。

（10）书写图名、文字说明。

在绘制室内立面图时，为同时展现同一空间各个墙面的装饰情况，室内立面图宜画在同一张图纸上，甚至将各个相邻的立面图连接起来画在同一张图纸上，此时，这样的立面图称为立面展开图，如图4.5-4所示。

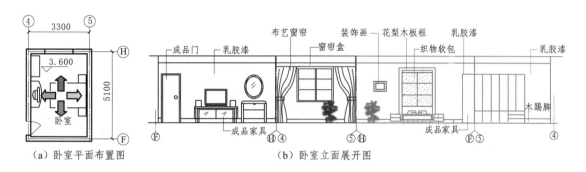

图 4.5-4 某卧室室内立面展开图举例

对一些正投影难以表达准确尺寸的弧形或异形曲折的连续立面，利用立面展开图来表达最为合适的，如图4.5-5所示。

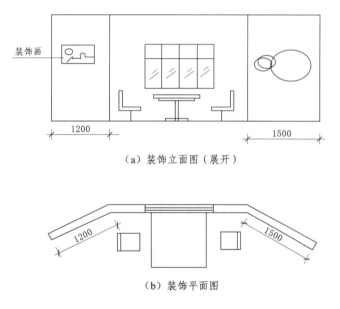

图 4.5-5 某餐厅室内立面展开图举例

4.6 装饰详图

4.6.1 装饰详图的形成及作用

装饰详图是指装修细部的局部放大图、剖面图、断面图等。即对造型和构造做法比较复杂的装饰部位或装饰件（如地面和墙面不同材料饰面之间的衔接收口处；装饰构件与建筑结构的衔接方法和固定方式等；现场加工的门窗、家具、装饰物等），用较大比例（如1∶20、1∶10、1∶5、1∶

2、1:1)画出的剖切图或断面图或放大图。

　　装饰详图是对室内装饰平面图、立面图、顶棚平面图等图的重要补充。装饰详图往往是与装饰平面布置图、立面图、顶棚平面图等图中的索引符号、剖切符号、断面符号等相对应画出的。如图4.6-1所示中右边的1—1剖面图是用1:5画的剖切详图，对应的位置是立面图中的剖切符号。

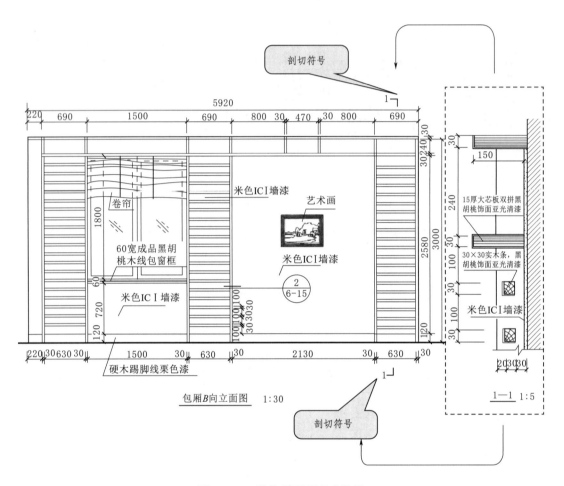

图4.6-1　装饰详图的形成举例

　　按照图示内容不同，有吊顶节点详图、墙身节点详图、造型图案详图、家具和装饰物详图等，如图4.6-2～图4.6-5所示。

4.6.2　构件节点详图的图示内容

　　装饰详图主要表达内容如下：

（1）图名、比例。

（2）装饰构配件的结构形式、材料情况及与主要支撑件之间的相互关系。

（3）装饰构配件的详细尺寸、做法及施工要求。

（4）装饰构配件与建筑结构之间的详细衔接尺寸与衔接方式。

（5）不同装饰面之间的对接方式，即不同装饰面之间的收口、封边材料与尺寸。

（6）装饰面上的设备安装方式或固定方法，装饰面与设备之间的收口方式。

（7）相关文字说明，详尽描述用材、做法、材质色彩、规格大小等要求。

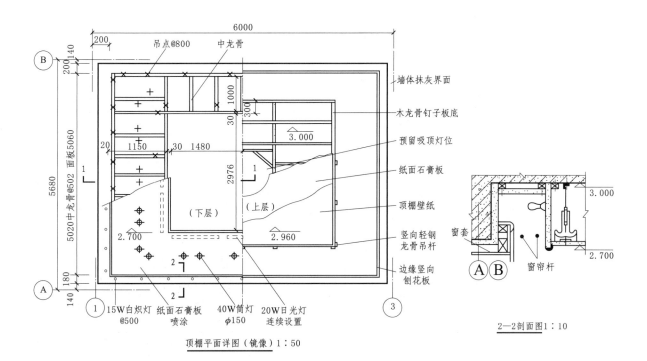

顶棚平面详图（镜像）1:50

2—2剖面图1:10

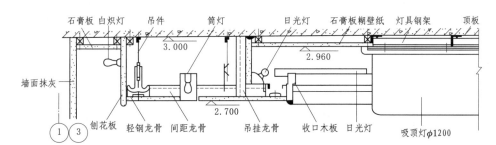

图 4.6-2　吊顶剖面节点详图举例

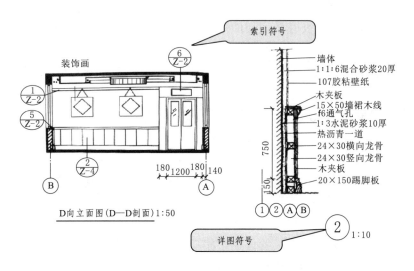

D向立面图(D—D剖面)1:50

图 4.6-3　墙身节点详图举例

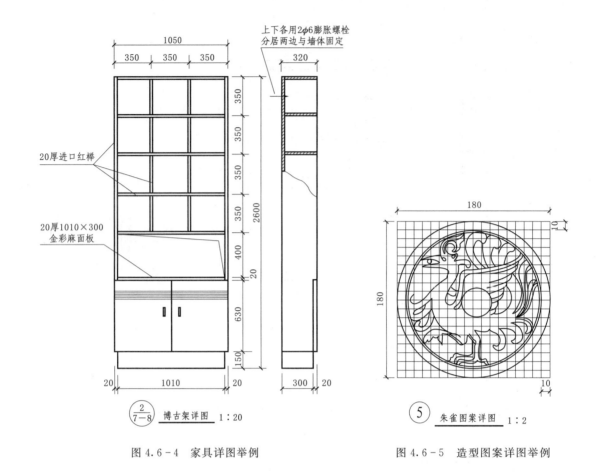

图 4.6-4　家具详图举例　　　　　　　图 4.6-5　造型图案详图举例

4.6.3　构件节点详图识读步骤与方法

（1）读图名找位置。因为装饰详图的图名往往是与装饰平面图、立面图、顶棚平面图等图中的索引符号、剖切符号、断面符号等相对应出现的。因此，通过图名和查寻对应的索引符号或剖切符号，可以搞清该详图对应的细部位置。

（2）读对应位置图时，一定要注意剖切的位置、方向，此时的详图是否与该剖切的位置、方向相符合。

（3）读尺寸和相关文字描述，从中了解装饰构配件的详细尺寸、做法及施工要求，不同装饰面之间的对接方式等。

4.6.4　装饰详图的绘制步骤与方法

为便于施工，装饰详图必须做到图形构造清晰、尺寸标注完整准确。同时，针对图示内容的不同，详图比例选用根据所绘制内容，可选用 1:20、1:10、1:5、1:3、1:2、1:1 等不同比例。装饰详图的绘制步骤与方法也不尽相同，如图 4.6-6 所示，以某墙身的墙裙装修节点详图为例的绘制步骤与方法如下：

（1）画出墙体、地面、墙裙和踢脚的位置线。

（2）画出防潮层、木龙骨、木夹板的位置轮廓线。

（3）画出墙裙木线和踢脚板的位置轮廓线。

（4）校核图样，无误后加深整理图线。

（5）进行尺寸标注、文字做法说明等。

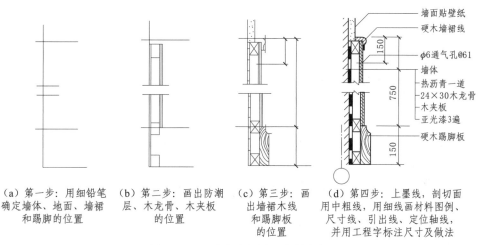

（a）第一步：用细铅笔确定墙体、地面、墙裙和踢脚的位置　（b）第二步：画出防潮层、木龙骨、木夹板的位置　（c）第三步：画出墙裙木线和踢脚板的位置　（d）第四步：上墨线，剖切面用中粗线，用细线画材料图例、尺寸线、引出线、定位轴线，并用工程字标注尺寸及做法

图 4.6－6　墙身墙裙详图绘制举例

目标要求

1. 了解装饰施工图的组成及内容。

2. 了解装饰平面布置图、地面铺装图、顶棚平面图、立面图、装饰详图的形成、作用、图示内容等。

3. 掌握装饰平面布置图、地面铺装图、顶棚平面图、立面图、装饰详图之间的相互对应关系。

4. 理解装饰施工图与建筑施工图图纸之间的区别与联系。

4.1　装饰施工图的识读与绘制

【任务内容与要求】　在读懂一套装饰施工图基础上，抄绘指定的装饰平面布置图、立面图、装饰详图、地面铺装图、顶棚平面图。具体内容由教师自定进行。要求：

（1）搞清装饰施工图图纸之间的关系。

（2）A3 图纸。

（3）比例用 1∶100 或 1∶60 或 1∶80。

（4）图线粗细合理分明。

（5）尺寸数字均用 3 号字，图名用 7 号字，房间名称用 5 号字，字体端正，符合制图要求。

（6）作图准确，图例、符号与尺寸标注规范。

（7）图面整洁，布图均匀美观。

【技能指导】　绘图步骤类同建筑施工图绘制。

【装饰施工图抄绘评判标准】　同建筑施工图抄绘实训评判。

4.2　建筑房间测绘

【任务内容与要求】　选择某建筑房间（如教室、宿舍等）进行测绘。

要求：分组完成测绘，绘制出该建筑空间对应的装饰平面布置图、立面图、顶棚平面图。

【技能指导】

(1) 测绘前工作准备。

1) 钢卷尺（3～5m）、若干草稿纸、两种颜色绘图笔等准备。

2) 熟悉测绘流程。

3) 徒手用线条画出成比例的现场空间对应的平面、立面轮廓草图（可度步丈量或数地板砖方法）。

(2) 测绘过程要点。

1) 为避免出现漏测，按顺时针或逆时针方向顺序依次测量。

2) 记录数据时，单位为 m 或 mm，始终保持一致。

3) 测量位置的选取要合理，如利用墙角保持竖直测量高度，利用墙面与地面的交线保持水平测量长度等。

4) 按房间结构、固定设施、可移动家具顺序测绘。

(3) 图样绘制要点。

1) 装饰平面布置图和顶棚平面图的比例须保持一致，比例可用 1：100～1：50。

2) 图纸布置合理，图线粗细运用合理、尺寸标注规范、图例符号等需符合建筑制图标准规定。

【建筑房间测绘评判标准】 建筑房间测绘主要从以下 8 个方面评判：

(1) 图纸表达内容是否符合所测建筑空间信息，且表达完整。

(2) 图面布局是否得当整洁。

(3) 图形比例运用是否合理。

(4) 图线粗细表达符合线宽组要求。

(5) 图例符号是否应用恰当。

(6) 尺寸标注是否规范合理。

(7) 字体书写是否规范整齐。

(8) 作图是否迅速，自觉按时完成任务。

建筑设计说明（一）

一、设计依据

1.《房屋建筑制图统一标准》　　　　　GB/T 50001-2010
2.《建筑制图标准》　　　　　　　　　GB/T 50104-2010
3.《民用建筑设计通则》　　　　　　　GB 50352-2005
4.《建筑设计防火规范》　　　　　　　GB 50016-2006（2006版）
5.《住宅设计规范》
6.《夏热冬冷地区居住建筑节能设计标准》　DGJ 08-20-2007 J1C090-2007　JGJ134-2001
7.甲方委托书及有关部分审批文件。

二、建筑概况

本工程为XX住宅小区XX#两层独立式住宅，采用坡屋顶。
其他设计信息如下：

基底面积：	180.0 m²
建筑面积：	157.2 m²
建筑占地面积：	82.9 m²
一层建筑面积：	82.9 m²
二层建筑面积：	74.3 m²

使用年限：	50年
耐火等级：	三级
屋面防水等级：	Ⅲ级
抗震设防烈度：	七度

三、总平面定位

本工程为中奎住宅楼总基底面积180.0 m²，基地尺寸南北向长度为16.000m，东西向长度为11.250m，建筑的东西向外墙轴线约0.805m，南向外墙边1.460m（见总平面着图）。

四、尺寸标注

1. 建筑物进门的尺寸为洞口尺寸，尺寸单位为毫米（mm）。
2. 建筑图标高以建筑完成面标高，平面及详图标高为建筑完成面标高，屋面标高为结构面。
3. 建筑平、立、剖图及书总详图专用时，应以所注尺寸为准，不宜直接量取。以所注尺寸为准，尺寸单位为米（m）。

五、楼地面

1. 底层卧室、客厅、餐厅为架空预制钢筋混凝土板，卧室、厨房、厕所、浴室同和楼梯间为回填土地面。
1）回填土地面：素土夯实，150厚碎石垫层，60mm厚C15混凝土基层，防水涂料；素土夯实垫层回填上翻200mm高，40mm厚C20细石混凝土随捣随光，内配φ6@300双向钢筋网片，首层地坪地坪用户自定，完成面标高为标高±0.000mm。
2）架空预制地面：预制混凝土楼板上铺40mmC15防水细石混凝土、首层架空地面架空处预留30mm厚用户自定。
内设φ6@200双向钢筋网一次抹平，上面面层预留30mm厚用户自定。
3）回填土与地坪架空预制混凝土楼地面至室内地坪地面基层用C15混凝土混凝土浇注。
2. 二层浴厕现浇混凝土楼地面：现浇钢筋混凝土楼面，20mm厚1：2.5水泥砂浆找平层，结构面二层预留50mm建筑面层厚度。
3. 二层卫生间楼地面，1：3水泥砂浆找坡i=0.5%最薄处20厚，1：水泥砂浆5%防水抖涂料聚苯墙200mm面面漆，防水涂料不一层楼砖基层并用涂层基起200mm，完成面标高出设室配0mm。

六、墙体

提楼墙用加气混凝土砌块和墙等新型的墙体材料，外墙200mm厚，内墙100mm厚，本墙草目设计要求：
1. 外墙：外墙为多孔砖墙厚240mm，外墙基座这见图纸专设计上标本。
2. 内墙：多孔混凝土砖厚240mm，其本平砖墙为120厚出相标本。
3. 墙砌块要求：墙材料及形状见设工的强度和强度和密配合见见结构设计说明，内墙砌面的宜专填充墙设多层预填、预量，进本火灾的临危和混工。
4. 外墙砌陶：见墙砌陶。

七、散水

1. 散水坡：外墙四周设置宽度800，做法见详图，室外收水口坡找结水专业图纸。
2. 台阶：室外合阶用碎石和碎石做基层，60mmC15混凝土砌垫步，面层为1：2.5水泥砂浆，面层找坡15mm，与台阶用涂青青砖，室外找地坪找地坪上翻楼找用户自定，上坡找地坪用户自定。
3. 勒脚：外墙多孔砖土砖补用1：3水泥砂浆，见楼墙详图。
4. 内墙粉刷。
5. 墙面漆：内墙多孔砖墙见多标墙面，满混凝土水泥和建及坡大混凝土火灾面混，周于卧室、餐厅、楼梯间。
1）混合砂浆粉刷：10厚1：1：6混合砂浆打底，8厚1：1：4混合砂浆找面，面层用户自定。

图纸目录 建筑设计说明（一）

建筑设计说明（二）

2）水泥砂浆楼面：8厚1:3水泥砂浆打底，面层用户自定，2厚1:1水泥细砂加建筑胶水起砂面，用于厨房、厕所、杂物间。

3）踢脚：1:2水泥砂浆20mm厚高150mm通长，嵌阴角。

4）室内墙柱阳阴口的阳角，一律以2:2水泥砂浆护角到顶。

七、平顶

现浇钢筋混凝土楼板，此平顶面位置及表面做法：8厚至板底10厚1:3水泥砂打底，7厚1:1:4混合砂浆面层，满批白水泥腻子刮糙面防水白粉墙面二道。

八、屋顶做法

1. 上人保温平屋面（露台）：（做法见围护结构节能设计）

2. 保温坡屋面：（做法见围护结构节能设计）

九、门窗

1. 门窗材料见围护结构节能设计。

2. 卫生间用磨砂玻璃。

3. 底层外侧窗应装防盗铁栅。

4. 木制外窗、玻璃木门、大门等框、大样详见建筑木窗大样，详细木油漆做法详见围护结构施工图。

十、油漆

1. 木门、油漆全部自定。

2. 金属面、露明部分做钢防锈漆一度、调和漆二度底漆白灰、不露明部分钢防锈漆一度。

3. 木制扶栏、窗台和与墙接触楼板接缝一度、专用木油防腐漆。

十一、其他

1. 露台雨水采用75UPVC落水管。

2. 水电专项预留孔洞待各工种施工时，各工种应按预留孔，管留安装后用预拌混凝土封口，也未植，木未据、木未核均需待定型产品。

3. 楼梯完成后所有栏杆及阳台栏及均需临于相邻楼面临高20mm，并向墙靠比数0.5%。

2）屋面保温应为挤塑聚苯乙烯泡沫板（XPS）保温系统：

a）坡屋面：现浇钢筋混凝土楼板，15厚1:3水泥砂浆找平，4mm厚（2.0+2.0）APP改性沥青防水卷层，无坊布30mm厚挤塑聚苯乙烯泡沫板（XPS），35mm厚C20，无坊布细石混凝土找平层（内配φ6@500×500钢筋网片），顺水条：30mm×25mm（h）间距600，木挂瓦条30mm×30mm（h）中距瓦材规格，上挂瓦（用户自定）。

b）上人保温平屋面（露台）：现浇钢筋混凝土楼板，轻质混凝土找坡2%，最薄处20mm，15mm厚1:2.5水泥砂浆找平层，4mm厚（2.0+2.0）APP改性沥青防水卷层，30mm厚挤塑聚苯乙烯泡沫板（XPS），40厚细石混凝土，20mm厚1:2.5水泥砂浆保温层，上用1:3水泥砂浆找面（用户自定）。

3）门窗系统：

a）外墙：采用塑钢普通中空玻璃5+6A+5（成品）。

b）门：防盗保温门（内填15mm玻璃棉），（适用入户门）。

c）阳台门：采用塑钢普通中空玻璃5+9A+5（成品）。

d）住宅外窗及阳台门气密性等级不应低于3级。

3. 使用的屋面、墙身材料及屋面、墙身的保温材料应达到相关的产品标准和规范要求。

---

4. 所有房间、楼梯间均做150高墙脚防潮层，用料法同楼楼面。

5. 凡出露等介：雨篷、楼梯、踏道、窗台、窗台面等处均应做滴水线，以防雨水污染墙面。

6. 油漆、涂料等颜色及配比均由施工单位主要现场样看，待各企业要求后方可大面积施工。

7. 本工程中楼梯栏杆及附件与主体结构连接应与楼梯材供产厂家尽快沟通定脚架位置及变化，以便上续预留尺寸。

8. 屋顶上的太阳能热水器（成品）由用户选配，用户选配产品应与生产厂家联系大阳能热水器的具体安装位置。安装在屋面的应注意与屋身结构接近室内的供水点，并在增管道做相应的排水管处理。

9. 本工程中太阳能集合太阳能热水器用在建筑立面或屋顶位置时应注意对屋身结构影响，需要时应采取加固措施。如未采用厂家或多合并建适应方进行详单设计并修改者图中的排水管道系统。

10. 厨房、厕所间应设一个烟道和一个坐便器，其余应参附图有安装、产品用户自定。

11. 房屋燃气的使用应符合不考虑燃气变燃气系。如需使用应联系相关安全措施。DGJ 08-20-2007中的相关规定执行设计。

十二、围护结构节能设计

1、本工程所在夏热冬冷地区，它的围护结构（外墙、屋面、楼板、木门窗等）的节能设计可参考《民用建筑工业设计规范》GB 50176-93、《夏热冬冷地区居住建筑节能设计标准》JGJ 134-2001的有关规定。

2、各节能保温做法：

1）外墙保温做法无机保温砂浆外涂料（颜色用户自定）：240厚多孔砖或混凝土砌块，15mm厚1:2.5水泥砂浆找平，再涂界面砂浆30mm厚无机保温砂浆分二次做，5mm厚复合专用抗裂砂浆（压入二层耐碱玻璃纤维网格布）罩性水面腻子层，顺面属子层，刮腻另层面外墙材料一度，专用底面一度（含料用户自定）。

附图 A.3 总平面图

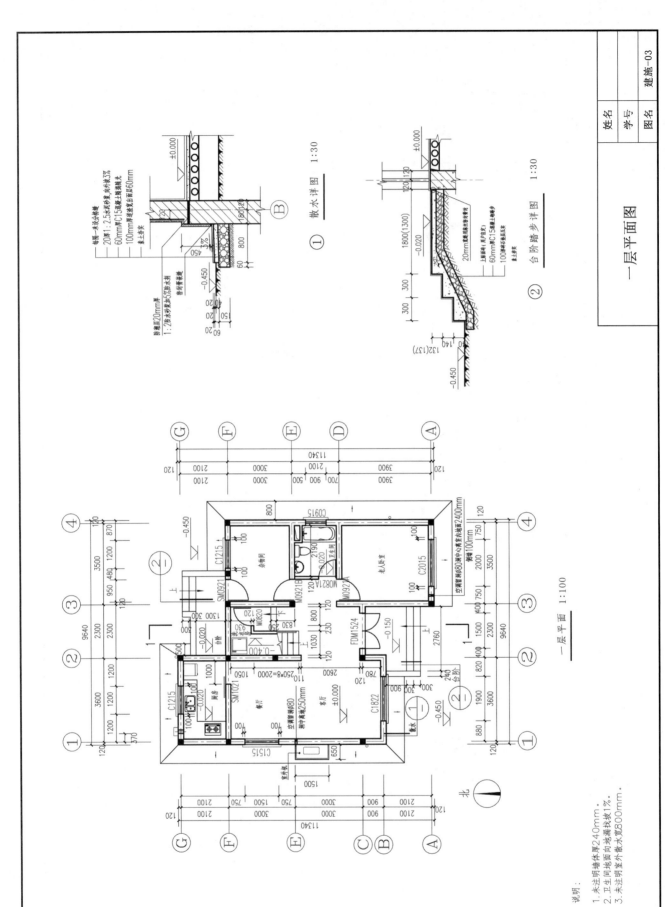

附图 A.4 一层平面图

一层平面图

建施-03

说明:
1. 未注明墙体厚240mm。
2. 卫生间地面向地漏找坡1%。
3. 未注明室外散水宽800mm。

散水详图 1:30

合阶踏步详图 1:30

一层平面 1:100

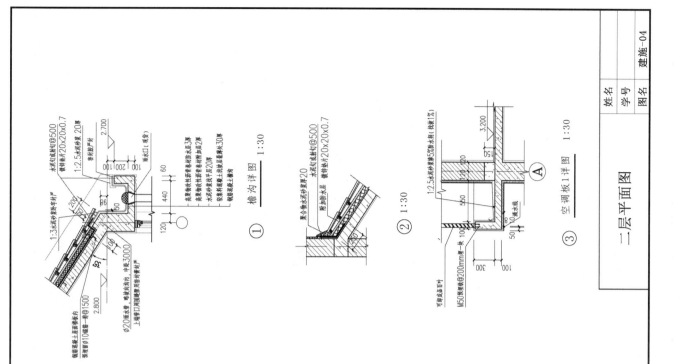

① 檐沟详图 1:30

② 1:30

③ 空调板1详图 1:30

二层平面图

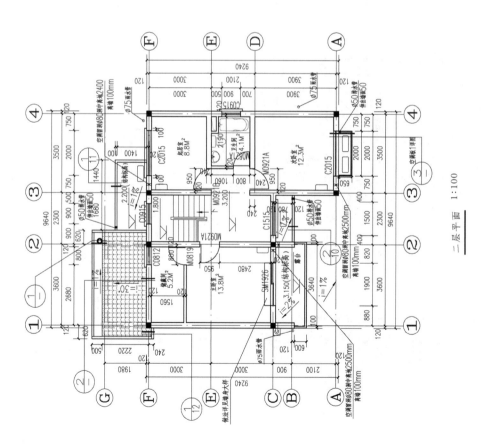

二层平面 1:100

附图 A.5 二层平面图

姓名
学号
图名　建施-04

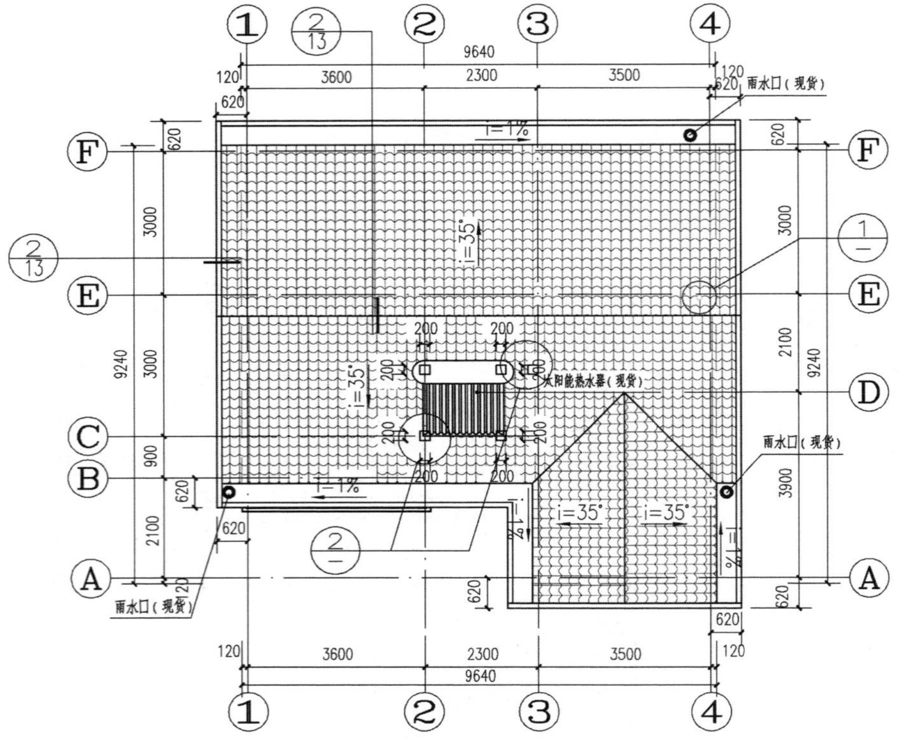

附图 A.6 屋面平面图

屋面平面图

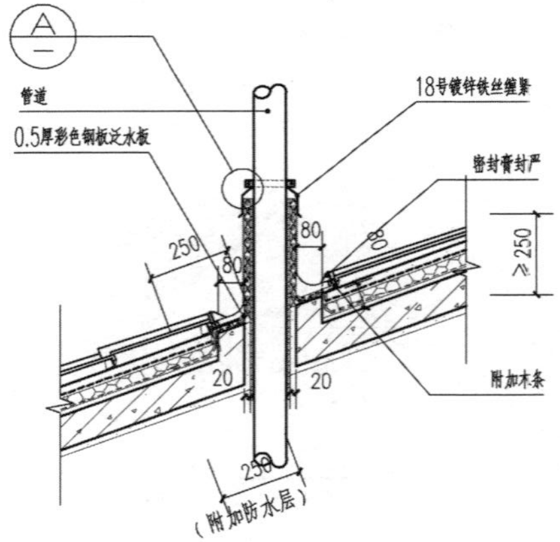

① 管道出屋面详图 1:20

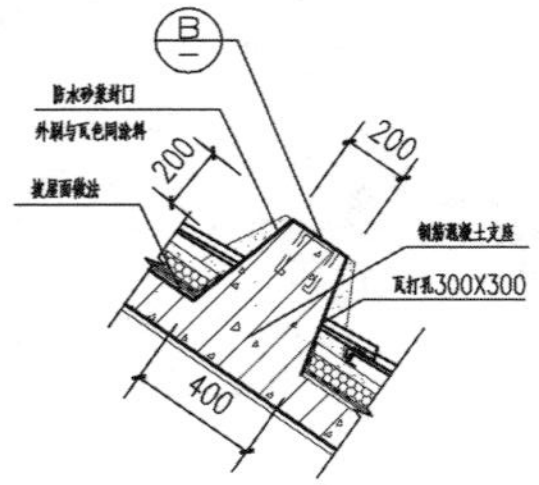

Ⓐ 1:15

屋顶平面 1:100

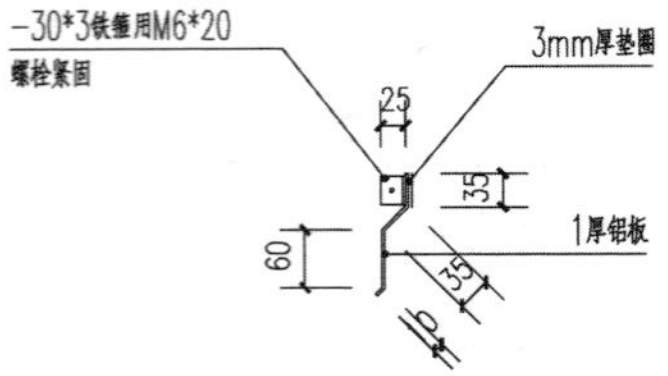

Ⓑ 1:10

② 坡屋面支座安装详图 1:30

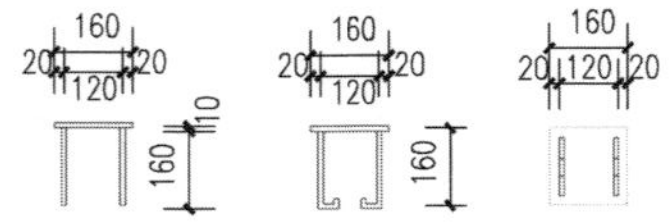

姓名	
学号	
图名	建施-05

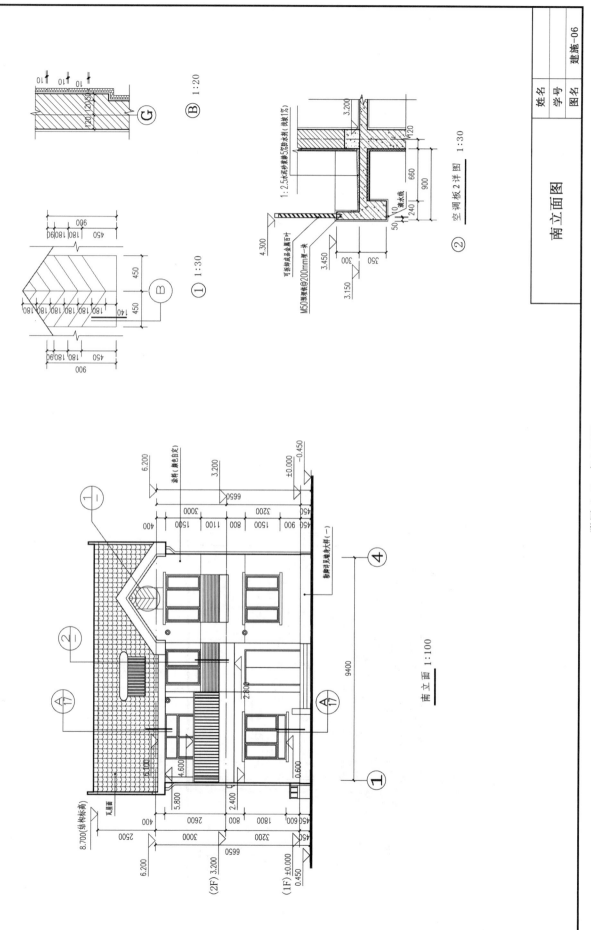

南立面图

附图 A.7 南立面图

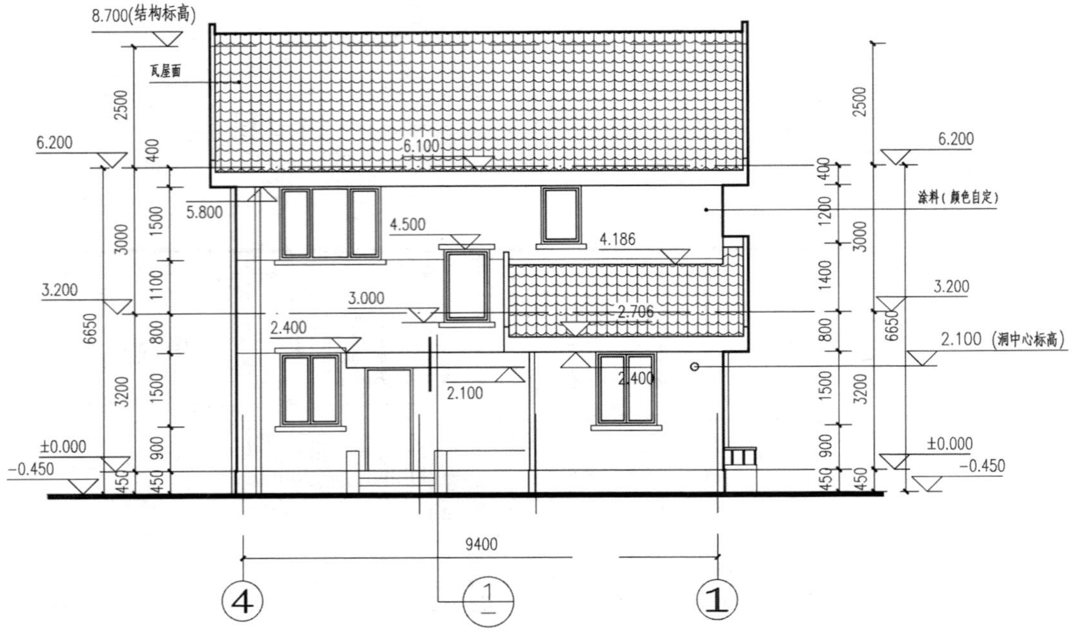

北立面图

雨缝详图 1:20

1:3水泥砂浆表面加5%防水剂

滴水线

北立面 1:100

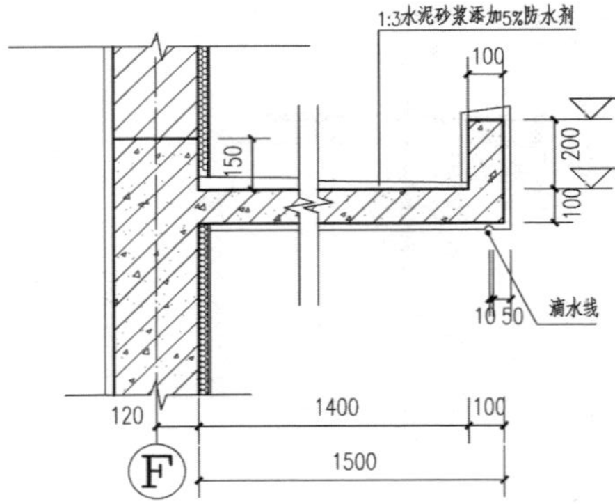

瓦屋面

8.700(结构标高)

涂料(黄色白灰)

2.100（洞中心标高）

姓名　学号　图名　建施-07

附图 A.8　北立面图

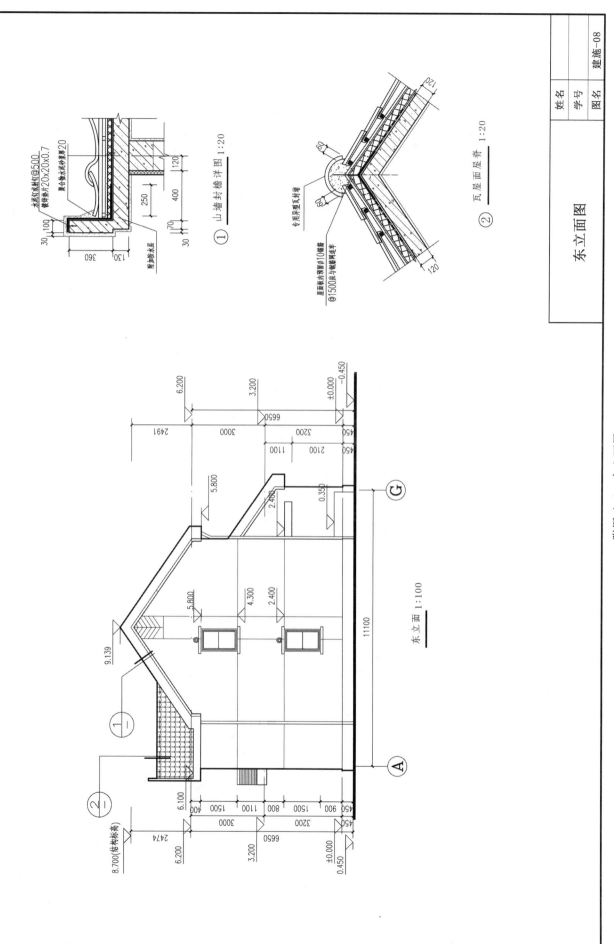

东立面图

建施-08

姓名　学号　图名

① 山墙封檐详图 1:20

水泥钉固定@500
镀锌铁片20x20x0.7
聚合物水泥砂浆厚20

附加防水层

② 瓦屋面屋脊 1:20

专用屋面瓦封堵

屋面板内预留φ10墙筋
@1500应与镀锌铁丝连半

东立面 1:100

8.700(结构标高)

附图 A.9　东立面图

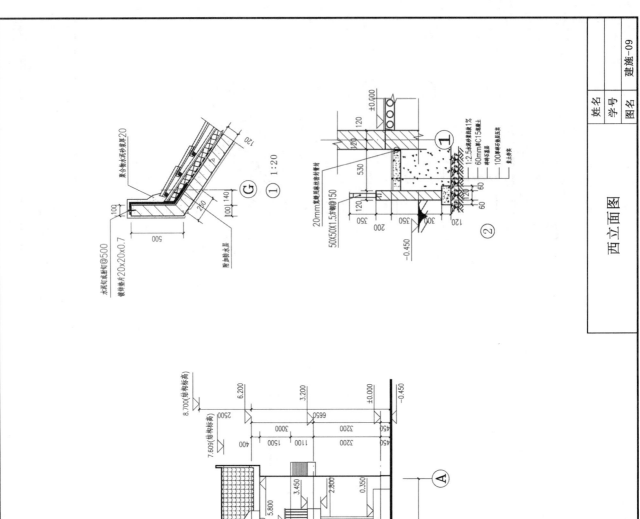

西立面图

附图 A.10 西立面图

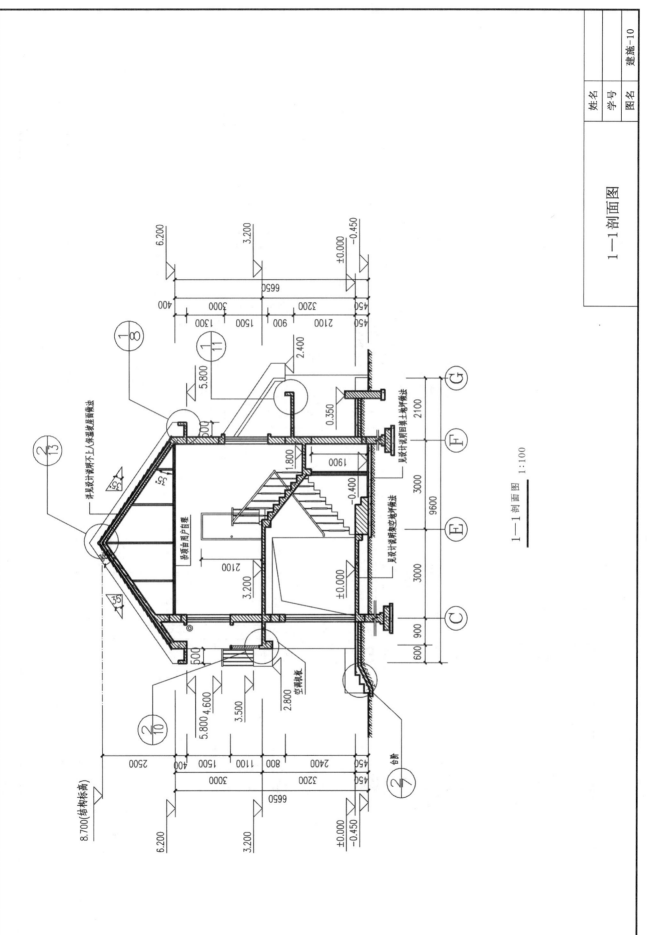

1—1剖面图　1:100

附图 A. 11　1—1 剖面图

姓名
学号
图名　建施-10

1—1剖面图

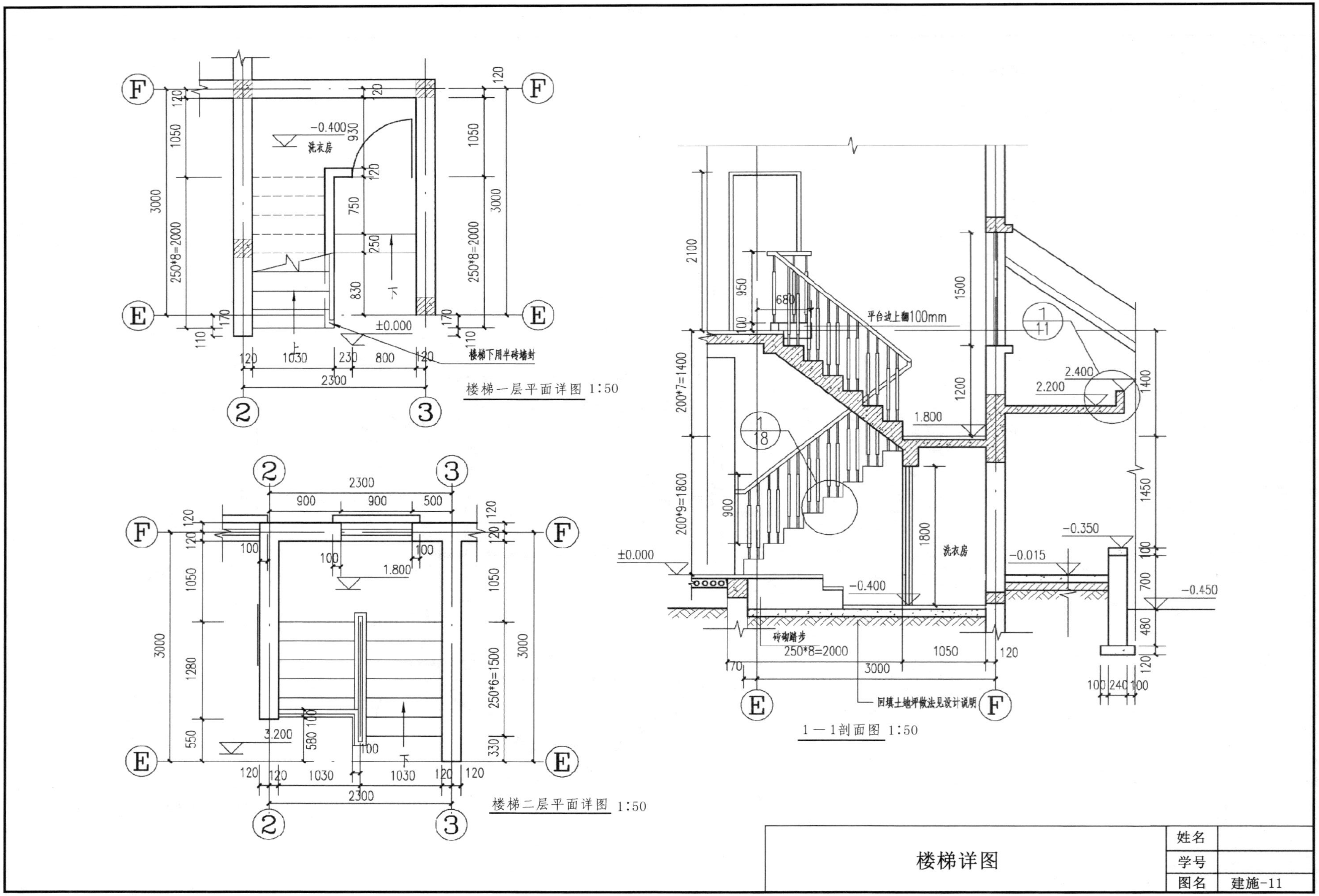

楼梯详图

1—1剖面图 1:50

楼梯一层平面详图 1:50

楼梯二层平面详图 1:50

附图 A.12 楼梯详图

姓名　学号　图名　建施-11

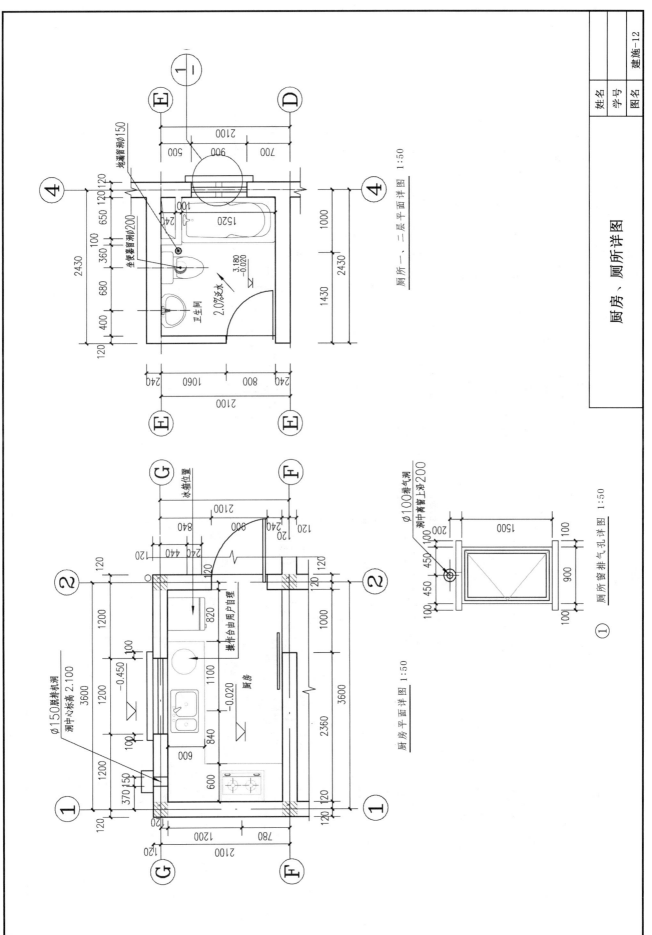

厨房、厕所详图

厕所一、二层平面详图 1:50

厕所窗排气孔详图 1:50

厨房平面详图 1:50

建施-12

姓名
学号
图名

附图 A.13 厨房、厕所详图

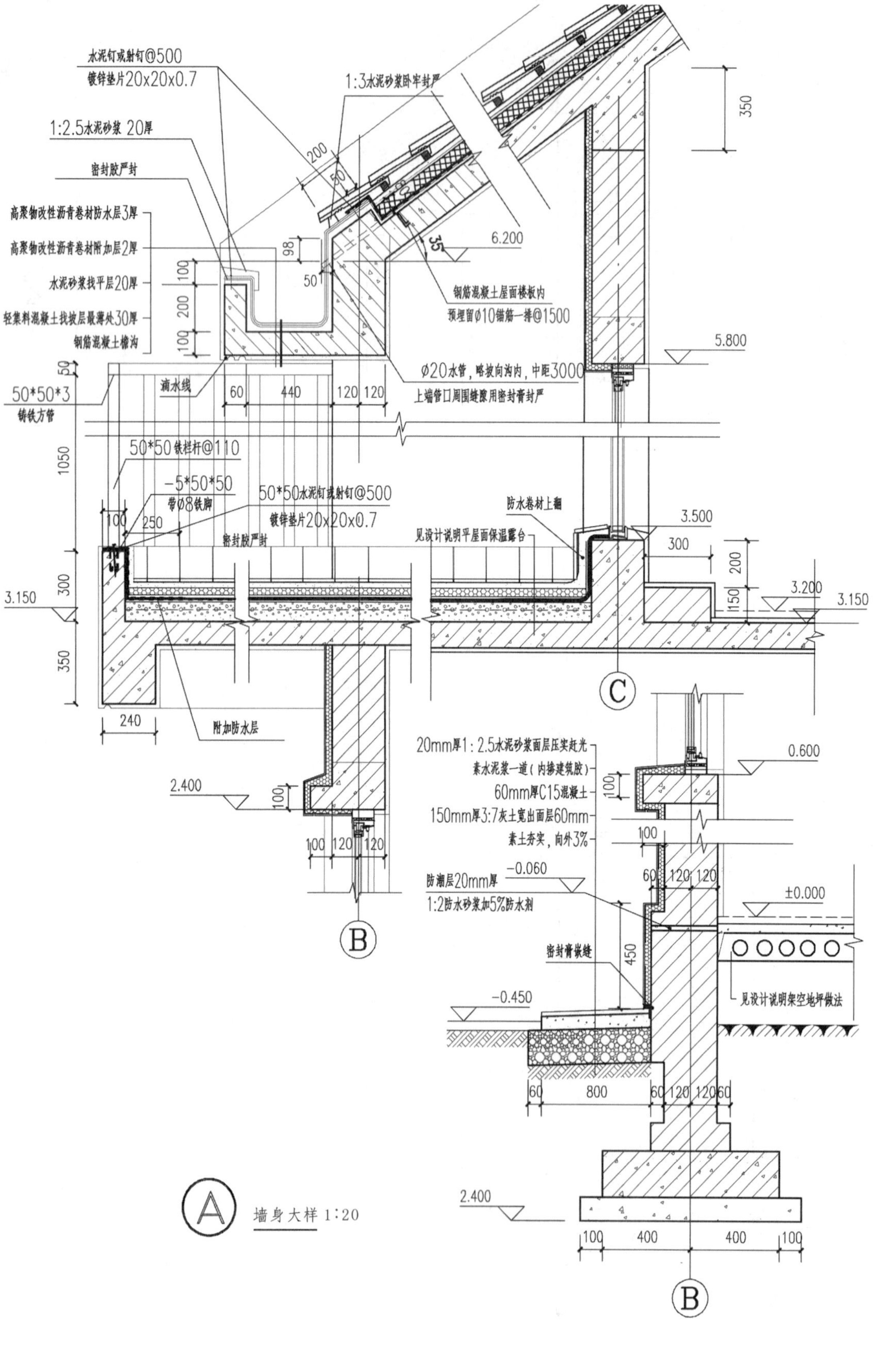

墙身大样（一）

水泥钉或射钉@500
镀锌垫片20x20x0.7

1:3水泥砂浆卧牢封严

1:2.5水泥砂浆 20厚

密封胶严封

高聚物改性沥青卷材防水层3厚
高聚物改性沥青卷材附加层2厚
水泥砂浆找平层20厚
轻集料混凝土找坡层最薄处30厚
钢筋混凝土檐沟

钢筋混凝土屋面楼板内
预埋留∅10锚筋一排@1500

∅20水管，略坡向沟内，中距3000
上端管口周围缝隙用密封青封严

6.200

5.800

350

50*50*3
铸铁方管

滴水线

50*50铁栏杆@110
-5*50*50
带∅8铁脚

50*50水泥钉或射钉@500
镀锌垫片20x20x0.7

密封胶严封

防水卷材上翻
见设计说明平屋面保温露台

1050

250

100

3.500

300

200

150

3.200

3.150

3.150

350

240

附加防水层

2.400

100

100 120 120

60 440 120 120

C

B

20mm厚1:2.5水泥砂浆面层压实赶光
素水泥浆一道(内掺建筑胶)
60mm厚C15混凝土
150mm厚3:7灰土宽出面层60mm
素土夯实，向外3%

防潮层20mm厚
1:2防水砂浆加5%防水剂

密封青嵌缝

见设计说明架空地坪做法

0.600

100

-0.060

60 120 120

±0.000

450

-0.450

60 800 60 120 120 60

2.400

100 400 400 100

B

A　墙身大样 1:20

附图 A.14　墙身大样（一）

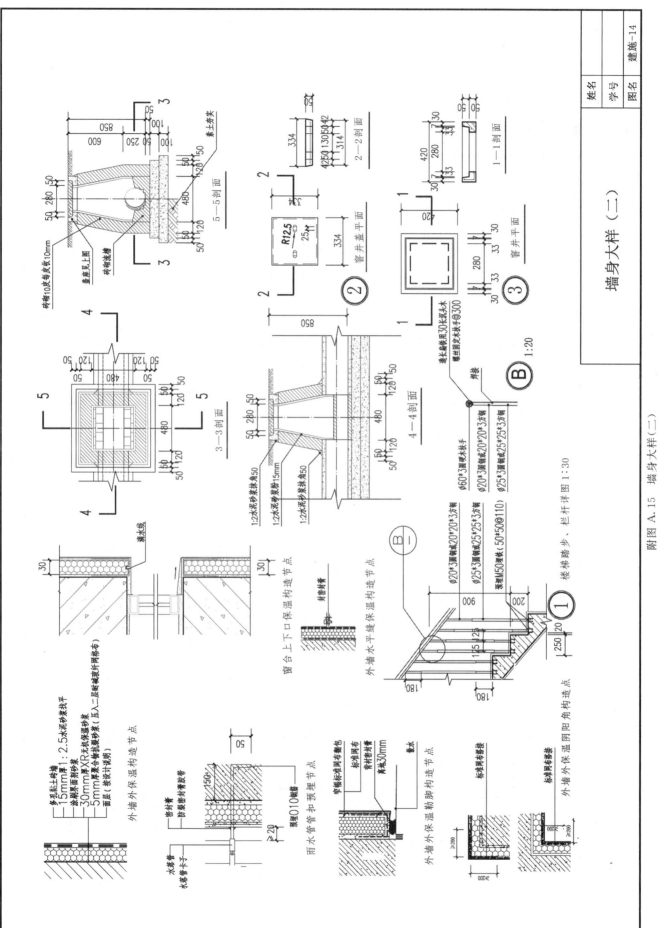

墙身大样（二）

附图 A.15 墙身大样（二）

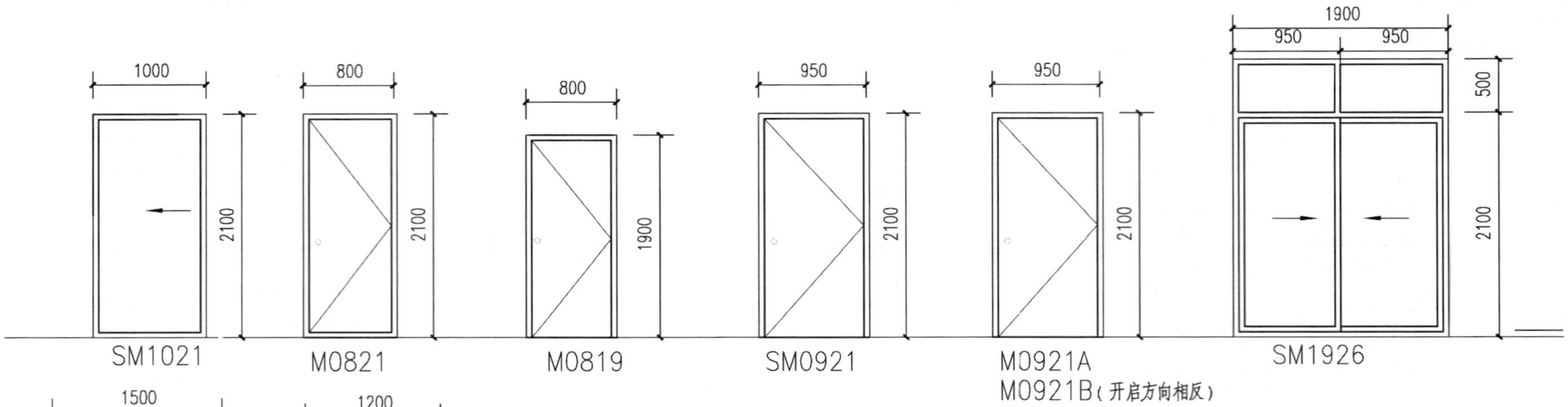

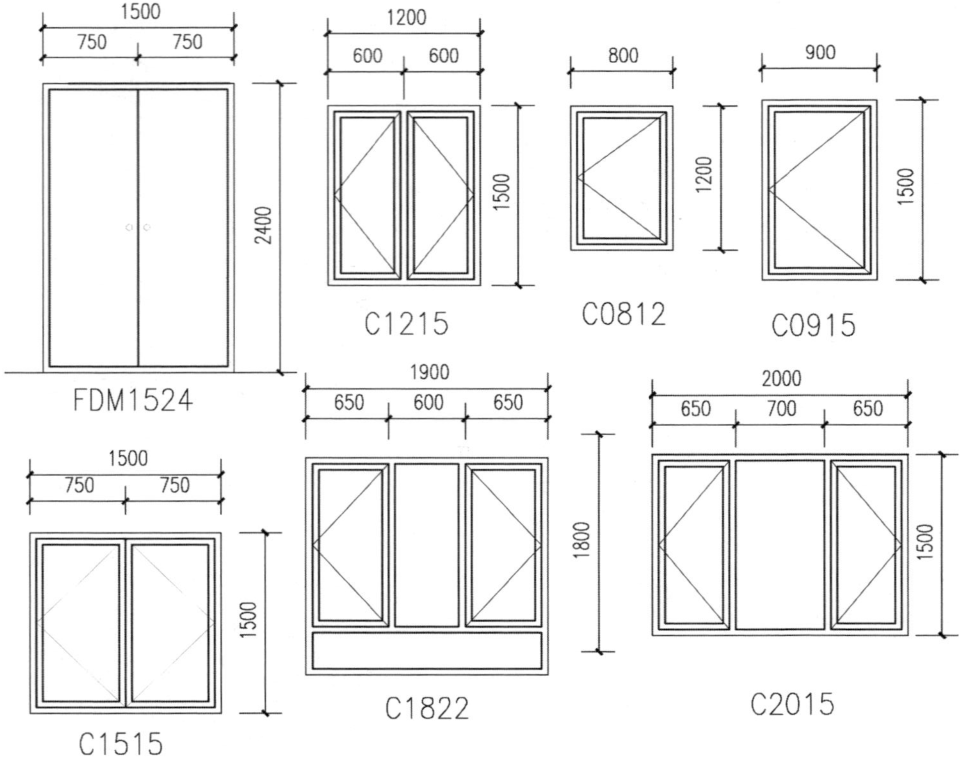

门窗数量表

SM1926

M0921A
M0921B（开启方向相反）

SM0921

M0819

M0821

SM1021

C0915

C0812

C1215

FDM1524

C1515

C2015

C1822

门窗详图—门窗数量表

类型	设计编号	洞口尺寸(mm)	数量	一层	二层	备注
门	SM1021	1000X2100	1	1		塑钢平移门
	SM1926	1900X2600	1		1	塑钢平移门
	SM0921	950X2100	1	1	1	塑钢平开门（右开）
	M0821	800X2100	2	1	1	厕所间木门（右开）
	MC819	800X1900	2	1	1	储藏间木门（右开）
	M0921A	950X2100	3	1	2	木门（右开）
	M0921B	950X2100	2	1	1	木门（左开）
双扇门	FDM1524	1500X2400	1	1		钢防盗分户门
窗	C1215	1200X1500	2	2		塑钢平开窗
	C0915	900X1500	3	1	2	塑钢平开窗
	C1515	1500X1500	2	1	1	塑钢平开窗
	C2015	2000X1500	3	1	2	塑钢平开窗
	C0812	800X1200	1	1		塑钢平开窗
	C'822	1900X1800	1	1		塑钢平开窗

姓名
学号
图名 建施－15

附图 A.16 门窗表、门窗详图

参 考 文 献

［1］ 李国生. 室内设计制图与透视［M］. 广州：华南理工大学出版社，2016.

［2］ 何铭新，李怀健，郎宝敏. 建筑工程制图［M］. 北京：高等教育出版社，2014.

［3］ 胡海燕. 建筑室内设计——思维、设计与制图［M］. 北京：化学工业出版社，2010.

［4］ 孟春芳. 新编建筑制图［M］. 北京：中国水利水电出版社，2014.

［5］ 中华人民共和国住房和城乡建设部. 房屋建筑制图统一标准：GB/T 50001—2017［S］. 北京：中国建筑工业出版社，2018.

［6］ 中华人民共和国住房和城乡建设部. 建筑制图标准：GB/T 50104—2010［S］. 北京：中国计划出版社，2011.

［7］ 中华人民共和国住房和城乡建设部. 总图制图标准：GB 50103—2010［S］. 北京：中国计划出版社，2011.

［8］ 中华人民共和国住房和城乡建设部. 房屋建筑室内装饰装修制图标准：JGJ/T 244—2011［S］. 北京：中国建筑工业出版社，2011.

［9］ 中华人民共和国住房和城乡建设部. 民用建筑通用规范：GB 55031—2022［S］. 北京：中国建筑工业出版社，2023.

［10］ 中华人民共和国住房和城乡建设部. 建设工程设计文件编制深度规定（2021 版）［M］. 北京：中国计划出版社，2021.